BIOLOGIE HEUTE SII

entdecken

Schwerpunktmaterialien 2

Schroedel

W0406095

Biologie heute entdecken S II
Schwerpunktmaterialien 2

Annette Bökehof-Reckelkamm
Heinrich Joußen
Hannelore Kühnen
Gisela Telgmann

Bildquellen:
Titelbild: BCI/IFA-Bilderteam
6-M1: Prof. G. F. Hoffmann/Klinik für Kinder- und Jugendmedizin Heidelberg
6-M3: Stefan Ringer, www.phenylketonurie.de
8-M3: Minkus, Isernhagen
14: © 2005 Pechstein Hamburg/Tökendorf
30-M1: www.miscanthus.de
46-M1: Hannelore Kühnen
48-M1: Andreas Hartl/Okapia
54-M1: Werner Forman/AKG
64-M1-A: Prof. Martha C. Hawes, University of Arizona, Tucson AZ, USA

© 2005 Bildungshaus Schulbuchverlage
Westermann Schroedel Diesterweg Schöningh Winklers GmbH, Braunschweig
www.schroedel.de

Das Werk und seine Teile sind urheberrechtlich geschützt. Jede Nutzung in anderen als den gesetzlich zugelassenen Fällen bedarf der vorherigen schriftlichen Einwilligung des Verlages.
Hinweis zu § 52a UrhG: Weder das Werk noch seine Teile dürfen ohne eine solche Einwilligung gescannt und in ein Netzwerk eingestellt werden. Dies gilt auch für Intranets von Schulen und sonstigen Bildungseinrichtungen.
Auf verschiedenen Seiten dieses Buches befinden sich Verweise (Links) auf Internet-Adressen. Haftungshinweis: Trotz sorgfältiger inhaltlicher Kontrolle wird die Haftung für die Inhalte der externen Seiten ausgeschlossen. Für den Inhalt dieser externen Seiten sind ausschließlich deren Betreiber verantwortlich. Sollten Sie bei dem angegebenen Inhalt des Anbieters dieser Seite auf kostenpflichtige, illegale oder anstößige Inhalte treffen, so bedauern wir dies ausdrücklich und bitten Sie, uns umgehend per E-Mail davon in Kenntnis zu setzen, damit beim Nachdruck der Verweis gelöscht wird.

Druck A^2 / Jahr 2006

Alle Drucke der Serie A sind im Unterricht parallel verwendbar.

Redaktion: Heike Römming, Ulrike Wallek
Illustrationen: Birgitt Biermann-Schickling, Brigitte Karnath, Liselotte Lüddecke, Tom Menzel
Umschlaggestaltung: Janssen Kahlert Design & Kommunikation GmbH
Satz: media service schmidt, Hildesheim
Druck und Bindung: westermann druck GmbH, Braunschweig

ISBN 978-3-507-**10568**-3
alt: 3-507-**10568**-3

Vorwort

Vertiefung obligatorisch zu vermittelnder Inhalte und Methoden
Anwendungsbezug
Fachübergreifende Aspekte
Ganzheitlichkeit
Vernetzung
Schulung allgemeiner Kompetenzen

All dies sind Forderungen, die die Richtlinien des Landes Nordrhein-Westfalen an die Durchführung von Schwerpunktvorhaben stellen. Die vorliegende Materialiensammlung bietet in drei Bänden insgesamt 21 für den Unterricht aufbereitete Themen und dient der Unterstützung der Kolleginnen und Kollegen bei dieser anspruchsvollen Aufgabe. Jedes Thema enthält Material für neun bis zwölf Unterrichtsstunden.

Obligatorische Inhalte werden an konkreten Beispielen problemorientiert und vertiefend behandelt. Bisher nicht bearbeitete Themen werden vorgestellt, die neugierig machen und vielfältige Vernetzungen aufzeigen. Dabei arbeiten die Schülerinnen und Schüler in erster Linie nach dem Prinzip der naturwissenschaftlichen Erkenntnisgewinnung. Ein Problem steht im Mittelpunkt, weckt das Interesse und wird schrittweise gelöst. Bei der Bearbeitung des Materials lassen sich vielfältige weiterführende Fragestellungen entwickeln. Natürlich werden dabei auch moderne Medien zur Erkenntnisgewinnung eingesetzt, zum Beispiel die gezielte Recherche im Internet und die sich anschließende mediale Präsentation der Ergebnisse. Eine wichtige Rolle spielt das traditionelle Experiment, das zur praktischen Untersuchung den Einsatz von Mikroskop und Nachweismitteln erfordert.

Ein problemorientierter, materialgebundener und handlungsorientierter Arbeitsunterricht mit einem hohen Maß an Eigentätigkeit durch die Schülerinnen und Schüler, so lassen sich die übergeordneten Auswahlkriterien am besten beschreiben. Die Vielfältigkeit der angebotenen Lernmethoden trägt damit der Forderung nach einer stärkeren Individualisierung des Unterrichts Rechnung.

Die Aufbereitung des Materials zu den einzelnen Themen ermöglicht den Einsatz verschiedener Lehrmethoden und akzeptiert die unterschiedlichen methodisch-didaktischen Ansätze der einzelnen Kolleginnen und Kollegen. Das Maß an Lenkung kann unter Berücksichtigung der konkreten Schülergruppe selbst bestimmt werden. Viele der Materialien bieten darüber hinaus die Möglichkeit zur Entwicklung von Klausuraufgaben.

Inhalt

Die Krankheit

M1 Patienten mit unbehandelter Phenylketonurie

M3 Patient mit behandelter Phenylketonurie

M2 Asbjörn FÖLLING, 1934

Es ist also bei einigen imbezillen Patienten eine Stoffwechselanomalie gefunden, die sich durch Ausscheiden von Phenylbrenztraubensäure kundgibt. Und da ich in Harnen normaler Personen niemals Phenylbrenztraubensäure gefunden habe, ist es sehr wahrscheinlich, daß zwischen der Stoffwechselanomalie und der Imbezillität ein Zusammenhang besteht. Zwar habe ich in Verbindung mit dieser Arbeit nur wenige Normalpersonen untersucht, da aber die Phenylbrenztraubensäure unschwer nachzuweisen ist, und bei jeder Ausführung der Gerhardtschen Reaktion auf Acetessigsäure sich verraten würde, wäre sie wahrscheinlich schon längst entdeckt, falls sie bei Normalpersonen vorkäme. Die Phenylbrenztraubensäure ist früher überhaupt nicht beim Menschen nachgewiesen. Ich glaube daher eine bisher unbekannte Stoffwechselanomalie wahrgenommen zu haben, und daß diese mit Imbezillität verbunden ist. Man könnte den Zustand eine Imbezillität phenylpyrouvica nennen. [...]

(erste Beschreibung der Phenylketonurie als Stoffwechselanomalie)

M4 Stammbaum einer Familie mit Phenylketonurie

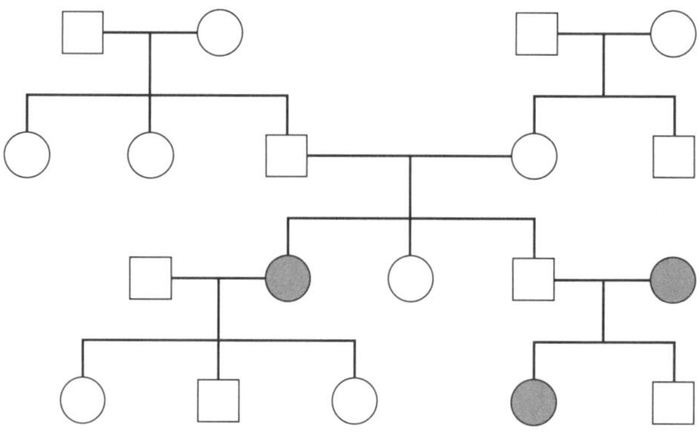

M5 Bedeutung von Verwandtenehen

Häufigkeit von Ehen zwischen Cousin und Cousine
- unter den Eltern Phenylketonurie-kranker Patienten: 10 bis 12,5 Prozent
- in der BRD: 0,1 Prozent
- in den USA: 0,06 Prozent

Häufigkeit von Phenylketonurie in
- der BRD: 1:10 000 Neugeborene
- den USA: 1:15 000 Neugeborene

1. Betrachten Sie die Abbildungen der beiden Patienten! Was bedeutet es, an unbehandelter beziehungsweise behandelter Phenylketonurie zu leiden?
2. Analysieren Sie den Stammbaum! Entwickeln Sie eine Hypothese zum Vererbungsmodus der Phenylketonurie und überprüfen Sie Ihre Hypothese am Stammbaum!
3. Erläutern Sie begründet die Bedeutung von Verwandtenehen für das Auftreten von Erbkrankheiten!

© 2005 Schroedel, Braunschweig

Phenylalaninstoffwechsel

M1 Ursache der Phenylketonurie

Ursache der **P**henyl**k**eton**u**rie (PKU) ist eine Störung des Phenylalaninstoffwechsels. Phenylalanin (Phe) gehört zu den 20 biologisch relevanten Aminosäuren, den Bausteinen der Proteine. Aminosäuren, die ein Organismus nicht selber synthetisieren kann, werden als für ihn essenziell bezeichnet. Diese essenziellen Aminosäuren müssen mit der Nahrung aufgenommen werden, um Mangelerscheinungen vorzubeugen.

M2 Stoffwechselzwischenprodukte des Phenylalaninstoffwechsels

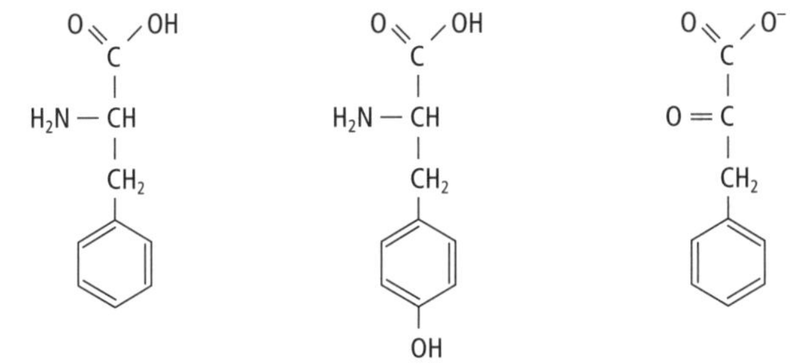

A B C

A Phenylalanin; B Tyrosin; C Phenylpyruvat (Keton)

M4 Teilprozesse des Phenylalaninstoffwechsels

Die in der Nahrung enthaltenen Proteine werden im Magen-Darm-Trakt zu Aminosäuren abgebaut. Nach Resorption der Aminosäuren im Dünndarm werden sie vom Blut zu den einzelnen Zellen transportiert.

In einem gesunden Organismus katalysiert das Enzym Phenylalaninhydroxylase (PAH) die Reaktion von Phenylalanin zu Tyrosin. Sowohl Phenylalanin als auch Tyrosin können dann wie die übrigen Aminosäuren zur Bildung zelleigener Proteine verwendet werden. Tyrosin ist außerdem Ausgangssubstrat für die Synthese wichtiger Verbindungen: des Hormons Thyroxin und des Neurotransmitters L-Dopa. L-Dopa kann entweder über den Neurotransmitter Dopamin zu den Hormonen Noradrenalin und Adrenalin umgebaut werden oder es reagiert in mehreren Schritten zu dem Hautpigment Melanin. Überschüssiges Tyrosin kann, anders als Phenylalanin, in der Leber abgebaut werden. Dabei wird es zuerst in Homogentisinsäure umgewandelt, die dann in mehreren Schritten zu Kohlenstoffdioxid und Wasser abgebaut wird. Diese beiden harmlosen Endprodukte werden über die Atmung beziehungsweise über die Niere mit dem Harn ausgeschieden.

M3 Schema des Phenylalaninstoffwechsels bei einer gesunden Person

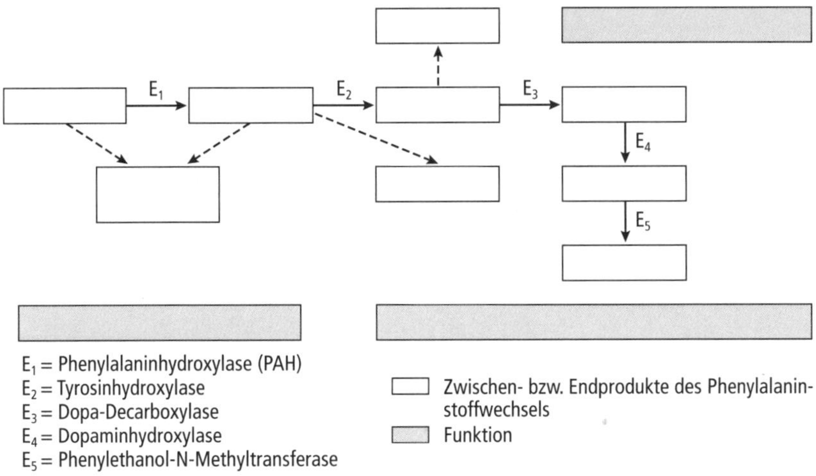

M5 Abbau des überschüssigen Tyrosins in der Leber

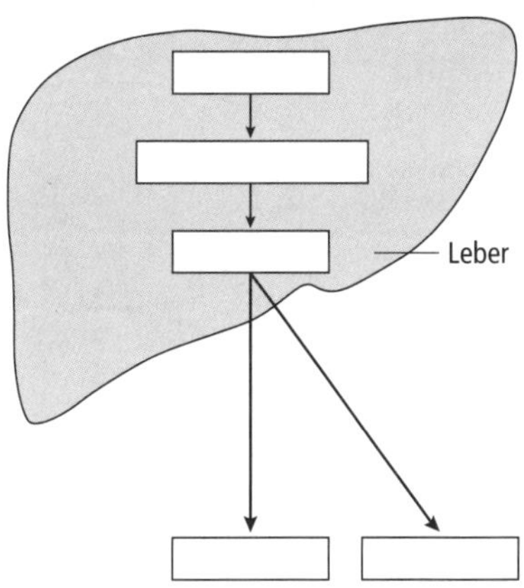

1. Frischen Sie mithilfe Ihres Schulbuches Ihre Kenntnisse über Aminosäuren und Proteine auf!
2. Übertragen Sie die beiden Fließdiagramme in Ihr Arbeitsheft und vervollständigen Sie sie mithilfe von M4!
3. Proteine sind charakterisiert durch die Vielfältigkeit ihrer Funktion. Erläutern Sie diese Aussage anhand von M3!

© 2005 Schroedel, Braunschweig

Störungen des Phenylalaninstoffwechsels

PKU ist eine Erbkrankheit, die auf einer Störung bei der Umwandlung von Phenylalanin zu Tyrosin in den Leberzellen beruht. Diese Reaktion wird katalysiert von dem Enzym **P**henyl**a**laninh**y**droxylase (PAH).

PAH gehört zu den Monooxygenasen, Enzymen, welche mit molekularem Sauerstoff (O_2) reagieren können. Bei der Reaktion wird ein Sauerstoffatom in das Substrat eingefügt, das zweite wird zu Wasser reduziert. Damit Monooxygenasen diese Reaktion katalysieren können, wird ein Wasserstoffdonor (lat. *donare,* geben) als Cosubstrat benötigt. Bei der Reaktion von Phenylalanin zu Tyrosin dient Tetrahydrobiopterin als Wasserstoff lieferndes Cosubstrat. Durch die Abgabe des Wasserstoffs wird Tetrahydrobiopterin (BH_4) zu Dihydrobiopterin (BH_2) oxidiert. Mithilfe des abgegebenen Wasserstoffs erfolgt die Reduktion des zweiten Sauerstoffatoms zu Wasser. Dihydrobiopterin wird durch eine Reduktase mithilfe des Coenzyms NADH + H^+ wieder zu Tetrahydrobiopterin reduziert und damit recycelt.

M2 Ursachen der PKU

Die Störung bei der Umwandlung von Phenylalanin zu Tyrosin kann verschiedene Ursachen haben.

Bei der „klassischen" PKU beträgt die Restaktivität der PAH weniger als ein Prozent, bedingt durch Fehler in der Struktur des Enzyms. Die Reaktion von Phenylalanin zu Tyrosin läuft bei Patienten mit dieser Form der PKU mit einer um 99 Prozent geringeren Geschwindigkeit ab als bei einem Gesunden. Der Phenylalaninspiegel im Blutplasma steigt auf 20 bis 50 Milligramm pro Deziliter (mg/dl) Blut. 95 Prozent aller PKU-Fälle beruhen auf einem *PAH-Mangel*.

Fehler in der Synthese oder beim Recycling von BH_4 führen zu einer Hemmung der Reaktion von Phenylalanin zu Tyrosin, da PAH ohne das Cosubstrat nicht funktionsfähig ist, auch wenn das Enzym selbst korrekt synthetisiert wurde. Bei dieser Form der PKU, dem *BH_4-Mangel,* kommt es in der Regel zu irreversiblen Schädigungen des Fetus.

M1 Recycling des Enzyms Phenylalaninhydroxylase (PAH)

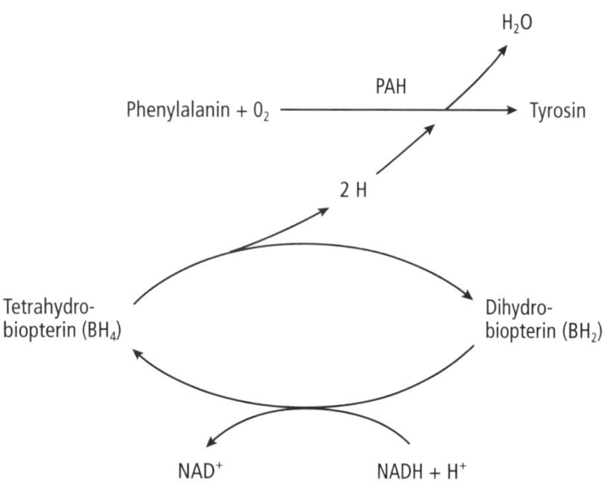

M3 Nahrungsmittel

1. Erläutern Sie mithilfe der Materialien die Ursachen für die verschiedenen Formen der PKU!
2. Welche Konsequenzen ergeben sich aus diesen Störungen des Stoffwechsels?
3. Auch ohne Kenntnis der kausalen Ursachen für die dramatischen Folgen dieser Stoffwechselstörung hat man eine funktionierende Therapie für betroffene Kinder entwickelt, um sie vor dem geistigen Verfall zu schützen. Sie besteht im Wesentlichen darin, die Aufnahme von Phenylalanin mit der Nahrung drastisch zu reduzieren.
   Informieren Sie sich in Literatur und Internet, welche Nahrungsmittel besonders viel Phenylalanin enthalten!
4. Welche der dargestellten Lebensmittel sind für einen PKU-Kranken geeignet?
5. Welche Grundsätze gelten bei einer phenylalaninkontrollierten Diät?

© 2005 Schroedel, Braunschweig

Das Neugeborenen-Screening

M1 Frühe Symptome

Kinder, die homozygot für das PKU-Gen sind, werden in der Regel gesund geboren. Phänotypisch ist ihre Erbanlage zu diesem Zeitpunkt nicht zu erkennen. Wenn frühe Symptome der Krankheit, wie mangelnde Kontaktaufnahme und unangenehmer Geruch, nach einigen Wochen beobachtbar sind, liegen bereits irreversible Schäden vor. Die betroffenen Kinder müssen so früh wie möglich identifiziert werden, damit durch eine geeignete Diät Schaden von ihnen abgewandt werden kann.
PKU ist bedingt durch eine Störung des Phenylalaninstoffwechsels. In der Folge kommt es zu einem Anstieg der Phenylalaninkonzentration im Blut. Ein Teil des überschüssigen Phenylalanins wird entweder direkt oder nach Umwandlung zu Phenylpyruvat, einem Phenylketon, mit dem Urin ausgeschieden.

M2 Bericht eines betroffenen Vaters

„[...] Sigrid ist nach der Geburt noch fünf Tage mit Justus, unserem ersten Kind, in der Klinik geblieben, am letzten Tag wurde ihm für die Reihenuntersuchung ein Blutstropfen aus der Ferse entnommen. Dann kamen beide heim. Nach wiederum fünf Tagen erhielten wir abends einen Anruf aus der Klinik, wir sollten sofort mit Justus in die Notaufnahme der Kinderklinik kommen, ein Testergebnis müsse überprüft werden. Wir kamen gegen 20.00 Uhr in der Kinderklinik an, der Dienst habende Arzt wollte uns allerdings nicht sagen, was eigentlich los ist, wahrscheinlich handele es sich nur um eine Stoffwechselunreife, man müsse eine Blut- und eine Urinprobe nehmen und morgen dürfe Justus bestimmt wieder nach Hause [...]. Am Tag darauf haben wir dann auch den eigentlich zuständigen Kinderarzt kennen gelernt, Sigrid musste sofort abstillen [...], aus einer Woche Klinikaufenthalt wurden drei [...]."

M3 Guthrie-Test

Seit 1963 hat der von dem Mikrobiologen Robert Guthrie entwickelte Test etwa 30 000 Kinder vor einem PKU-Schicksal bewahrt.
Für den Guthrie-Test werden dem Neugeborenen vier bis fünf Tage nach der Geburt einige Tropfen Blut aus der Ferse entnommen. Mit diesem Blut werden fünf bis sechs Millimeter große, vorgezeichnete Kreise (A) auf einer PKU-Testkarte durchtränkt. Nach dem Eintrocknen des Blutes wird die Karte an ein Screening-Labor zur genaueren Auswertung geschickt. Viele Bestandteile des Blutes, wie zum Beispiel Phenylalanin, sind in getrocknetem Zustand sehr stabil. Für die weitere Untersuchung wird ein Phenylalanin-freier Agarnährboden mit β-2-Thienylalanin und *Bacillus subtilis*-Sporen versetzt. β-2-Thienylalanin ist ein kompetitiver Hemmstoff für die Synthese von Phenylalanin. *Bacillus subtilis* kann ohne Phenylalanin nicht wachsen.

Aufsicht des Nährbodens (vereinfachte Darstellung):

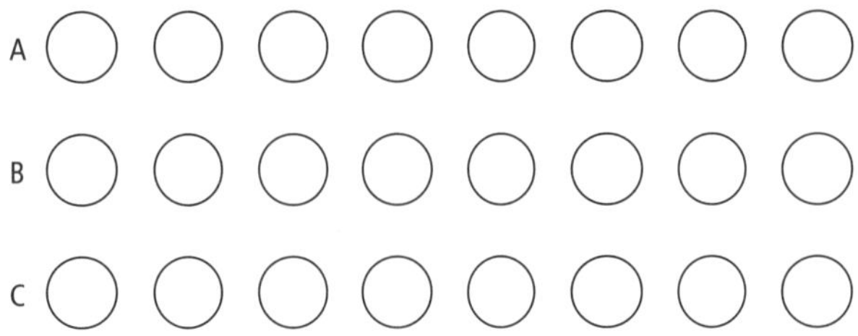

A. ausgestanzte, fünf bis sechs Millimeter große Plättchen aus den mit Blut getränkten Kreisen der PKU-Testkarte des Neugeborenen
B. Plättchen mit in Blut gelöstem Phenylalanin unterschiedlicher Konzentration (1, 2, 4, 6, 8, 10, 12, 20 mg/100 ml Blut)
C. Plättchen mit dem Blut einer gesunden Vergleichsperson
(Der höchste Normalwert eines Neugeborenen beträgt weniger als zwei Milligramm Phenylalanin pro 100 Milliliter Blutplasma.)

1. Phenylpyruvat kann frühestens einige Wochen nach der Geburt im Urin des Kindes mithilfe eines Farbtests, dem so genannten Windeltest, nachgewiesen werden. Dieser Test besitzt keine klinische Bedeutung. Begründen Sie!
2. Informieren Sie sich in Literatur und Internet über weitere Symptome einer beginnenden PKU!
3. Warum erfolgt die Blutabnahme beim Guthrie-Test nicht unmittelbar nach der Geburt, sondern erst nach fünf bis sechs Tagen?
4. Welches Ergebnis ist bei einem positiven beziehungsweise negativen Befund auf dem Nährboden zu erwarten? Erläutern Sie Ihre Angaben!

© 2005 Schroedel, Braunschweig

Folgen des gestörten Phenylalaninstoffwechsels

M1 Normalverteilung der Intelligenz in der Bevölkerung

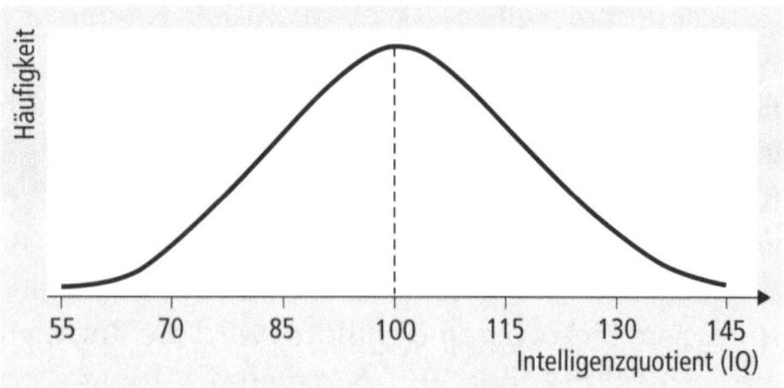

Bei gesunden Personen wird im Durchschnitt ein Intelligenzquotient (IQ) von 100 angesetzt.

M2 Intelligenzentwicklung in Abhängigkeit vom Beginn der Diät bei PKU-kranken Kindern

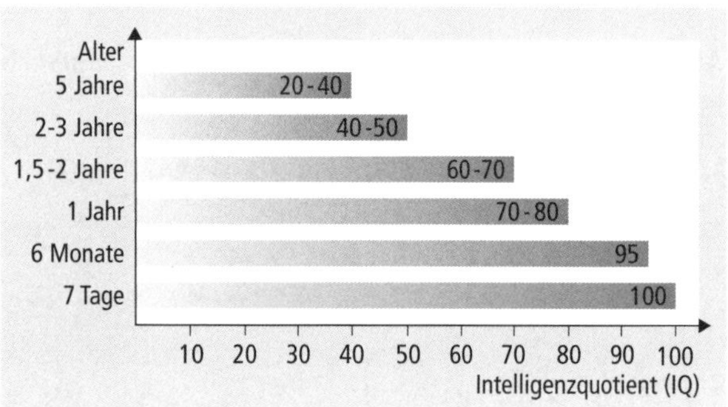

Personen mit unbehandelter PKU erreichen einen IQ von 20.

M3 Auswirkung des PAH- und BH_4-Mangels

Ursache der PKU ist ein Mangel an funktionsfähiger Phenylalaninhydroxylase (PAH) oder ein Mangel an Tetrahydrobiopterin (BH_4). Beide Faktoren führen zu einem Anstieg der Phenylalaninkonzentration im Blut. Phenylalanin hemmt in hoher Konzentration kompetitiv die Umwandlung von Aminosäuren in Hormone und Neurotransmitter. BH_4 ist neben seiner Funktion für das Recycling der PAH Coenzym der Tyrosinhydroxylase und der Tryptophanhydroxylase.

M4 Produkte des Phenylalaninstoffwechsels

Thyroxin, das Hormon der Schilddrüse, bewirkt eine allgemeine Aktivierung des Kohlenhydrat-, Fett- und Proteinstoffwechsels und fördert Wachstums- und Entwicklungsprozesse. Bei einem Mangel oder Fehlen dieses Hormons während der pränatalen und/oder postnatalen Entwicklung kommt es zu schweren geistigen und körperlichen Störungen (Kretinismus).

Die *Katecholamine* Dopamin, Noradrenalin und Adrenalin sind wichtige Neurotransmitter des zentralen und peripheren Nervensystems. Als Hormone beeinflussen sie die wichtigsten Kenngrößen des Kreislaufs wie Erhöhung des Blutdrucks und Pumpleistung des Herzens (fight and flight-Hormon).

Serotonin, ein weit verbreitetes Hormon, entsteht aus der Aminosäure Tryptophan. Es bewirkt die Freisetzung von Katecholaminen. Im zentralen Nervensystem besitzt Serotonin Neurotransmitter-Funktion. Serotonin ist an der Regulation des Schlaf-Wach-Rhythmus, der Steuerung einer ausgeglichenen Stimmungslage und am Mechanismus der Schmerzerzeugung beteiligt.

Melanine sind hochmolekulare, vom Indolchinon abgeleitete dunkle Farbstoffe mit zum Teil noch ungeklärter chemischer Struktur. Melanine bedingen weitgehend die Farbe der Haut, Haare und Augen. Unter dem Einfluss von Sonnenlicht werden diese Pigmente verstärkt gebildet.

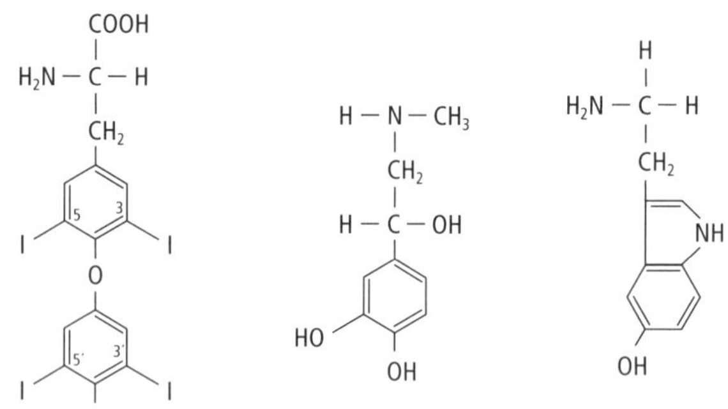

A B C

A Thyroxin; B Adrenalin; C Serotonin

© 2005 Schroedel, Braunschweig

M5 Blut-Hirn-Schranke

Das Nervensystem besteht hauptsächlich aus zwei verschiedenen Zelltypen: den Neuronen und den Gliazellen. Die Neurone dienen der Weiterleitung der Nervenimpulse. Gliazellen sind etwa zehn- bis 50-mal häufiger als Neurone. Sie haben die Aufgabe, diese zu schützen, zu isolieren und zu ernähren. Eine Form der Gliazellen sind die SCHWANNschen Zellen. Sie umgeben als isolierende Myelinscheide die Axone der Neurone. Eine weitere Form, die Astrocyten, findet sich im Gehirn. Astrocyten umschließen die Blutkapillaren und sind ein wichtiger Teil der **B**lut-**H**irn-**S**chranke (BHS). Diese ist eine selektiv durchlässige Barriere zwischen Blut und Hirnsubstanz. Sie sorgt mithilfe eines Energie verbrauchenden Carriersystems für eine Kontrolle des Stoffaustausches. Der Eintritt der meisten Stoffe ins Gehirn wird so verhindert beziehungsweise reguliert. Auf diese Weise wird das extrazelluläre Milieu im Zentralnervensystem präzise festgelegt.

M7 Transportvorgänge an der Blut-Hirn-Schranke

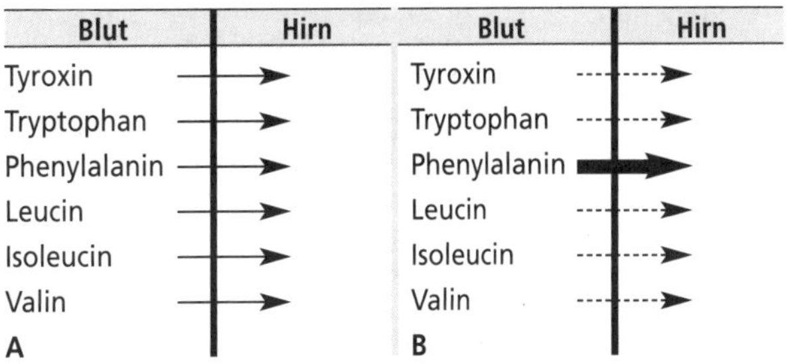

Blut-Hirn-Schranke

Die Stärke des Pfeiles gibt das Ausmaß des Transportes an.

A gesunde Person; B Person mit PKU

Die Aminosäuren konkurrieren um ein gemeinsames Carriersystem.

M6 Schematische Darstellung eines Neurons

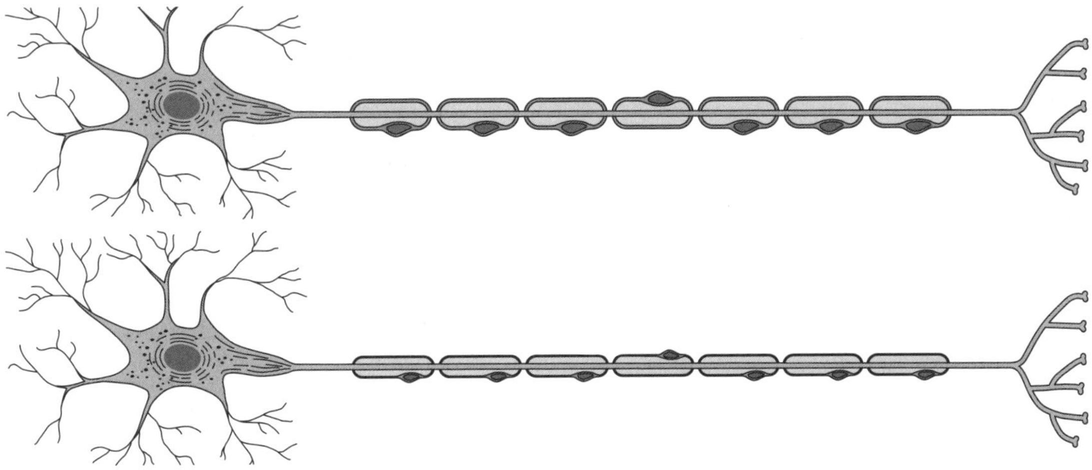

A

B

A gesunde Person; B Person mit PKU

1. Erläutern Sie mithilfe von M1 und M2 den Zusammenhang zwischen dem Beginn der Diättherapie und der Intelligenzentwicklung bei PKU-kranken Personen!
2. Erklären Sie mithilfe von M3 und M5 bis M7 die verschiedenen Vorgänge, die zu dem zunehmenden geistigen Verfall der Betroffenen führen! Berücksichtigen Sie bei Ihren Ausführungen unter anderem, dass die Tryptophanhydroxylase einen hohen K_M-Wert besitzt!
3. Neben der abnehmenden Intelligenzleistung gehören eine herabgesetzte Aufmerksamkeit, ein unruhiges Verhalten und Autoaggressivität zu den Folgeerscheinungen der PKU. Erklären Sie diese Symptome mithilfe von M3 und M4!
4. PKU-Patienten besitzen häufig eine helle Haut, blonde Haare und blaue Augen. Erklären Sie das Zustandekommen dieses Phänotyps mithilfe von M3 und M4!

© 2005 Schroedel, Braunschweig

Lösungen

Vorwissen: klassische Erbgänge, Stammbaumanalyse, Proteine, Enzymatik

Die Krankheit

1. Kinder werden in der Regel gesund geboren. Unbehandelt führt PKU zu fortschreitendem geistigen und körperlichen Verfall. Bei geeigneter Behandlung bleiben die Personen gesund.
2. Analyse: Das Merkmal taucht nicht in jeder Generation auf, auf 16 Nicht-Merkmalsträger kommen drei Merkmalsträger, alle drei Merkmalsträger in diesem Stammbaum sind weiblich.
   Hypothese: Die Krankheit wird autosomal rezessiv vererbt.
   Überprüfung: Die Eltern der zwei Merkmalsträgerinnen der dritten Generation sind phänotypisch gesund, müssen aber beide Träger des Allels für PKU sein. Das Allel kann nicht gonosomal vererbt werden, da sonst der Vater der ersten Merkmalsträgerin ebenfalls krank sein müsste.
3. Kinder, die aus Verwandtenehen stammen, werden mit einer größeren Wahrscheinlichkeit behindert geboren als Kinder, die nicht aus Verwandtenehen stammen. Die Eltern PKU-kranker Kinder sind 100-mal häufiger miteinander verwandt als dies bei Eltern gesunder Kinder in der BRD üblich ist. Die Häufigkeit des Auftretens von PKU in den USA ist deutlich niedriger als in der BRD, entsprechendes gilt für die Häufigkeit der Eheschließungen unter verwandten Personen.

Phenylalaninstoffwechsel

1. –
2.

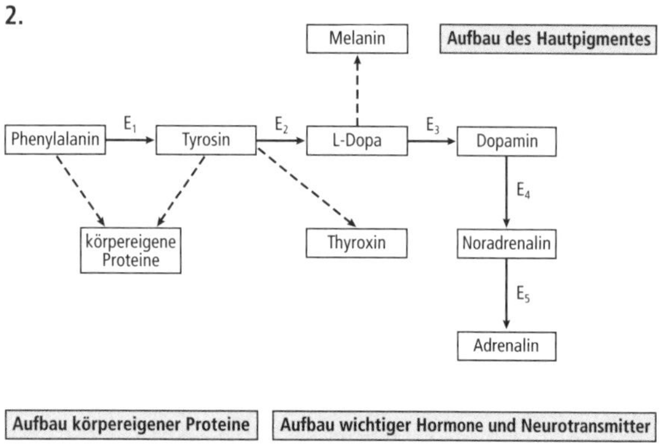

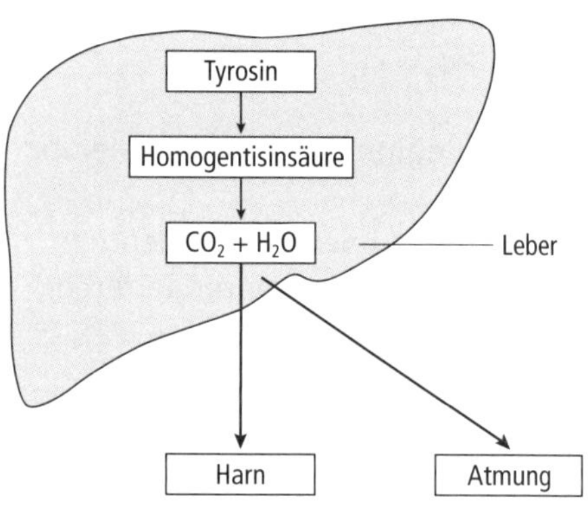

3. Aminosäuren sind als Bausteine der Proteine Hauptbestandteil vieler organischer Verbindungen und am Aufbau wichtiger Hormone, Neurotransmitter und des Hautpigments Melanin beteiligt. Die Vielfalt der Funktionen wird ermöglicht durch die Substrat- und Wirkungsspezifität der Proteine.

Störungen des Phenylalaninstoffwechsels

1. Mutationen des Gens für PAH führen zu einem nicht funktionsfähigen Genprodukt mit stark eingeschränkter Wirkung („klassische" PKU). Störungen bei der Synthese von BH_4 führen trotz funktionsfähiger PAH zu einer Hemmung der Reaktion Phenylalanin zu Tyrosin, da das Cosubstrat unverzichtbarer Bestandteil der Reaktion ist (BH_4-Mangel).
2. Diese Stoffwechselstörungen führen zu einem Anstieg der Phenylalaninkonzentration im Blut. Ein Abfall der Tyrosinkonzentration im Blut tritt in der Regel nicht ein, da genügend Tyrosin mit der Nahrung aufgenommen wird. Überschüssiges Phenylalanin kann nicht wie überschüssiges Tyrosin in der Leber abgebaut werden.
3. Fleisch, Wurst, Geflügel, Fisch, Nüsse, Eier, Milch, Käse und Getreideprodukte enthalten besonders viel Phenylalanin.
   Hinweis: Viele Light-Produkte enthalten Aspartam (Phenylalanin) als Süßstoff. Alle Produkte, die diesen Süßstoff enthalten, dürfen von PKU-Kranken nicht gegessen werden.
4. Fleisch und Milch dürfen von einem PKU-Kranken überhaupt nicht, Kartoffeln und Bananen in Maßen, Äpfel und Limonade ohne Einschränkung verzehrt werden.
5. Bei einer phenylalaninkontrollierten Diät wird auf proteinreiche Lebensmittel vollständig verzichtet. Ein spezielles phenylalaninfreies Proteinersatzpräparat dient der Versorgung des Organismus mit Nahrungsproteinen. Lebensmittel mit einem geringen Proteingehalt, zum Beispiel Obst und Gemüse, werden vor dem Verzehr genau gewogen und berechnet, um den geringen Bedarf des Kranken an Phenylalanin zu decken. Geeignete, aber zu berechnende Lebensmittel für einen PKU-Kranken sind Kartoffeln, Pommes, Chips, Reis, Champignons, viele Gemüsesorten, Bananen, Fruchteis und Sahne. Zu den erlaubten und nicht zu berechnenden Lebensmitteln zählen viele Obstsorten, viele Gemüsesorten, phenylalaninarme Spezialprodukte, Zucker, Honig, Marmelade, Tee, Cola, Kaffee, Limonade und Mineralwasser.

Das Neugeborenen-Screening

Hinweis: Phenylketone können im Urin mit der Ferrichlorid-Probe nachgewiesen werden. Dreifach positiv geladene Fe-Ionen reagieren im sauren Milieu mit Enolgruppen zu blaugrün gefärbten, zweifach positiv geladenen Fe-Ionen. Phenylpyruvat, ein Phenylketon, besitzt eine solche Enolgruppe.

1. Phenylpyruvat kann man einige Wochen nach der Geburt im Urin nachweisen, dann ist es aber schon zu irreversiblen Schäden für die Betroffenen gekommen.

2. Primärsymptome sind mangelnde Kontaktaufnahme, herabgesetzte Aufmerksamkeit, unruhiges, dem Alter nicht angemessenes Verhalten und ein unangenehmer Geruch. Zu den später auftretenden Symptomen gehören eine Neigung zu Ekzemen, Verhaltensauffälligkeiten (Hyperaktivität, Zerstörungsverhalten, Autoaggressivität) und eine verminderte Intelligenzleistung.
3. Die Phenylalaninkonzentration im Blut muss durch die Nahrungsaufnahme erst auf eine nachweisbare Höhe angestiegen sein.
4. β–2-Thienylalanin im Nährboden verhindert als Inhibitor kompetitiv die Bildung von Phenylalanin durch *Bacillus subtilis.* Bei Zugabe von Phenylalanin in ausreichender Konzentration wird der Mangel an Phenylalanin kompensiert und *Bacillus subtilis* kann sich vermehren. Um die Kreise von Reihe B und bei einem positiven Befund um die Kreise von Reihe A muss es zur Bildung von Bakterien-Wachstumshöfen kommen. Wachstumshöfe um die Kreise in Reihe A mit der Größe der beiden ersten Wachstumshöfe in B sind kein Anlass zur Besorgnis, da die Phenylalaninkonzentration den Normalwert nicht übersteigt. Je größer die Konzentration an Phenylalanin ist, desto größer ist der Wachstumshof.
   Hinweis: Entspricht die Größe eines Wachstumshofes in Reihe A dem des vierten Kreises in Reihe B (6 mg/100 ml Blut) gilt dies als deutlicher Hinweis auf eine mögliche PKU. Als Diagnosebestätigung gilt eine anhaltend erhöhte Phenylalaninkonzentration im Blutplasma von über 2 mg/dl Blut.

Folgen des gestörten Phenylalaninstoffwechsels

1. Beginnt die Therapie wenige Tage nach der Geburt, haben die betroffenen Kinder gute Chancen auf eine normale Intelligenzentwicklung. Je später die Therapie beginnt, desto gravierender ist der geistige Verfall. Bereits nach einem Jahr werden nur noch unterdurchschnittliche Intelligenzleistungen erreicht.
2. Ein Mangel an funktionsfähiger PAH oder an BH_4 führt zu einem Anstieg der Phenylalaninkonzentration im Blut. Phenylalanin in hoher Konzentration hemmt die Tyrosinhydroxylase und die Tryptophanhydroxylase kompetitiv. Die kompetitive Hemmung der Tyrosinhydroxylase führt zu einem Mangel an Katecholaminen und Melanin. Die Folge sind Entwicklungsstörungen und Ausprägung des Hauttyps I. Die kompetitive Hemmung der Tryptophanhydroxylase führt zu einer verminderten Bildung von Serotonin. Eine erhöhte Phenylalaninkonzentration hat einen direkten Einfluss auf die Gliazellen. Die Myelinscheiden der Neurone PKU-kranker Personen sind deutlich schwächer ausgebildet als die gesunder Personen. Eine erhöhte Phenylalaninkonzentration verändert die Transportverhältnisse an der Blut-Hirn-Schranke durch einen indirekten Einfluss auf die Gliazellen. Verschiedene Aminosäuren konkurrieren um das gemeinsame Carriersystem der Blut-Hirn-Schranke. Bei gesunden Personen ist ihre Konzentration weitgehend ausgeglichen, alle Aminosäuren werden gleichmäßig und bedarfsgerecht transportiert. Bei PKU-kranken Personen liegt Phenylalanin in höherer Konzentration vor und wird bevorzugt transportiert. Dies führt zu einem Mangel an geeigneten Aminosäuren bei der Biosynthese von Hormonen und Neurotransmittern im Gehirn. Ein hoher K_M-Wert bedeutet, dass die halbmaximale Reaktionsgeschwindigkeit der Tryptophanhydroxylase erst bei einer hohen Substratkonzentration, hier Tryptophan, erreicht wird. Eine verminderte Aufnahme des Tryptophans bewirkt also über die verringerte Substratkonzentration eine verlangsamte Umsetzung dieser Aminosäure und verstärkt den Serotoninmangel. BH_4-Mangel führt zu einer verminderten Bildung von Tyrosin, Thyroxin, Katecholaminen und Serotonin. Diese verminderte Neurotransmitter- und Aminosäuresynthese erfolgt bereits pränatal. Kinder, deren PKU auf einem BH_4-Mangel beruht, haben bereits zum Zeitpunkt ihrer Geburt irreversible Schäden. Bei BH_4-Mangel und PAH-Mangel kommt es also zu vergleichbaren Folgen.
   Hinweis: Als weitere Auswirkung einer erhöhten Phenylalaninkonzentration wird eine direkte Hemmung der Translation diskutiert.
3. Der Aminosäurestoffwechsel ist kombiniert mit dem Neurotransmitter- und Hormonstoffwechsel. Die reduzierte Bildung wichtiger Hormone und Neurotransmitter führt zu körperlichen und geistigen Entwicklungsstörungen, Belastungen des Kreislaufs, Störungen des Schlaf-Wach-Rhythmus, einer negativ veränderten Stimmungslage und einer verminderten Schmerzwahrnehmung.
4. L-Dopa ist Ausgangssubstrat für das Hautpigment Melanin. Eine reduzierte Bildung von L-Dopa führt zu einer verminderten Bildung von Melanin. Haut, Haare und Augen bleiben mangels Einlagerung von Pigmenten hell. PKU-kranke Personen leiden wie alle Personen des Hauttyps I unter einer erhöhten Empfindlichkeit für UV-Strahlung, einer stärkeren Neigung zu Sonnenbrand und einem größeren Hautkrebsrisiko.

DNA Fingerprint – Genetischer Fingerabdruck

Verhaftung im Gefängnis

Bilderdiebe waren schon wegen Einbruchs hinter Gittern.

Berlin. Rund fünf Wochen nach dem spektakulären Gemäldediebstahl aus dem Berliner Brücke-Museum sind die mutmaßlichen Täter im Gefängnis überführt worden. Zwei 28 und 45 Jahre alte Männer sollen den Einbruch in das Museumsgebäude begangen haben. Die beiden Einbrecher, Martin V. und Klaus B., sitzen schon seit zwei Wochen hinter Gittern, allerdings wegen einer anderen Tat. Die beiden wurden von der Polizei bei einem Einbruch in ein Optikergeschäft ertappt und verhaftet. Die Beteiligung an dem Bilderraub kam durch eine Routineuntersuchung ans Licht. Die Polizei fand heraus, dass Martin V. die Tür des Optikergeschäftes mit dem selben Rollgabelschlüssel aufgebrochen hatte, mit dem sie auch die Tür des Brücke-Museums gewaltsam geöffnet hatten. Zudem hatte sich einer der Bilderdiebe verletzt und einen blutigen Handschuh verloren. Ein Gen-Test brachte den Beweis, dass das Blut von Klaus B. stammt. Da der 28-Jährige bisher nicht in der Gen-Datei des Bundeskriminalamtes verzeichnet war, gelang der Nachweis erst, als ihm eine Blutprobe für die Untersuchung entnommen werden konnte. Verschwunden bleibt die rechte Hälfte des Gemäldes „Junges Mädchen" von Max Pechstein. Einer der Tatbeteiligten hatte es aus unbekannten Gründen zerschnitten.

Die Harke, 27.05.02 (verändert)

Mit den Blutresten am Handschuh hat Klaus B. unverwechselbare Spuren am Tatort hinterlassen. Das Blut reichte aus, um Erbsubstanz aus den Blutzellen zu isolieren. Um Klaus B. als mutmaßlichen Täter zu überführen, wurde auch die DNA aus seiner Blutprobe isoliert. Die DNA eines Menschen ist so einmalig, wie sein Fingerabdruck von Daumen oder Zeigefinger.

M1 DNA-Isolierung

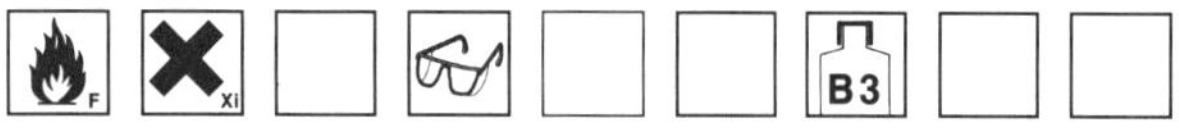

Material: Schere; Messer; Pipette; Teesieb; Mörser; 2 Bechergläser (250 ml); Reagenzglas; Wasserbad (60 °C); Leber; Kochsalz; Spülmittel (kein Konzentrat); Feinwaschmittel; Ethanol (F); Sand; Eiswürfel; Holzstäbchen; Objektträger; Karmin-Essigsäure (Xi)

Durchführung: Lösen Sie im Becherglas 3 g Kochsalz in 50 ml Wasser mit 5 ml Spülmittel! Schneiden Sie die Leber klein, zerreiben Sie sie mit Sand im Mörser zu Mus und geben Sie das Mus in die Lösung! Erhitzen Sie das Gemisch für 15 Minuten auf 60 °C und kühlen Sie es danach fünf Minuten in Eiswasser! Gießen Sie die trübe Suspension durch das Sieb in das zweite Becherglas!

Geben Sie etwa 15 ml des Filtrats in ein Reagenzglas und fügen Sie eine Messerspitze Feinwaschmittel hinzu! Schütteln Sie es und lassen Sie es zehn Minuten stehen, bis das Filtrat klar und viskos wird! Überschichten Sie nun die viskose Lösung vorsichtig mit gekühltem Ethanol! Übertragen Sie die an der Phasengrenze ausgefällte DNA mit einem Holzstab auf einen Objektträger! Färben Sie das Präparat mit Karmin-Essigsäure!

Die so gewonnene DNA ist durch Lipide, Proteine und RNA noch stark verunreinigt und muss vor der Weiterverarbeitung gereinigt werden.

1. Führen Sie den Versuch durch!
2. Erklären Sie die Bedeutung der einzelnen Versuchsschritte und der verwendeten Reagenzien!

© 2005 Schroedel, Braunschweig

Restriktionsenzyme

Der Wissenschaftler Werner Aber entdeckte 1972 bakterielle Enzyme, *Restriktionsenzyme,* mit deren Hilfe sich DNA gezielt in Fragmente mit definierten Enden zerlegen lässt. Ein Restriktionsenzym schneidet DNA nur an einer Stelle, die es anhand der Basensequenz als seine spezifische Schnittstelle erkennt. Eine konkrete Region einer bestimmten DNA wird daher immer in die gleichen Fragmente zerlegt. Ereignet sich in dieser Region eine Mutation, so kann dadurch eine Schnittstelle hinzukommen oder verloren gehen. Es entstehen dann Fragmente anderer Länge. Dieses Phänomen wird als ***R**estriktions-**F**ragment-**L**ängen-**P**olymorphismus* (RFLP, sprich „Riflip") bezeichnet. Die unterschiedlichen Muster des RFLP gehören zu den individuellen genetischen Merkmalen. Je nach Enzym schneiden Restriktionsenzyme die doppelsträngige DNA entweder in Fragmente mit glatten Enden (*blunt ends*) oder in Fragmente mit versetzten Enden (*sticky ends*). Die einsträngigen Enden können ein bis sechs Nucleotide umfassen.

M2 Auswahl zweier Restriktionsenzyme

Name	Herkunftsorganismus	Erkennungssequenz am Einzelstrang
*Eco*RI	*Escherichia coli*	G✂AATTC
*Alu*I	*Arthrobacter luteus*	AG✂CT

M1 Mögliche DNA-Sequenzen homologer Chromosomen unterschiedlicher Herkunft

DNA-Sequenz 1
5'GGAGCTGGTGGTGGTGGTGGTGGTGGTAGTGAATTCCCATATC3'
3'CCTCGACCACCACCACCACCACCACCATCACTTAAGGGTATAG5'

DNA-Sequenz 2
5'GGAGCTGGTGGTGGTGGTACTGAATTCCCATATC3'
3'CCTCGACCACCACCACCATGACTTAAGGGTATAG5'

DNA-Sequenz 3
5'GGAGCTGGTGGTGGTGGTACTGAATTCCCATATC3'
3'CCTCGACCACCACCACCATGACTTAAGGGTATAG5'

DNA-Sequenz 4
5'GGAGCTGGTGGTGGTGGTACTGAATTCCCATATC3'
3'CCTCGACCACCACCACCATGACTTAAGGGTATAG5'

© 2005 Schroedel, Braunschweig

1. Erforschen Sie die Funktion der Restriktionsenzyme am Papiermodell! Markieren Sie die vier DNA-Sequenzen in unterschiedlichen Farben und schneiden Sie sie aus! Imitieren Sie das Enzym *Eco*RI beziehungsweise *Alu*I und zerschneiden Sie die DNA-Modelle an den entsprechenden Erkennungssequenzen!
2. Welches der beiden angegebenen Enzyme produziert blunt ends, welches sticky ends?
3. Welche Möglichkeiten eröffnen Restriktionsenzyme durch das Zerschneiden der DNA in Fragmente mit definierten Enden? Demonstrieren Sie diese Möglichkeiten mithilfe der ausgeschnittenen Sequenzen!

Trennung der DNA-Fragmente

Die von den Einbrechern hinterlassenen Blutspuren reichten aus, einen der Täter schnell zu identifizieren. Die DNA aus den Zellkernen wurde isoliert und mittels Restriktionsenzymen in Fragmente unterschiedlicher Länge zerschnitten. Anschließend wurden diese gelelektrophoretisch voneinander getrennt.

M1 Gelelektrophorese

Mithilfe der *Gelelektrophorese* lassen sich geladene Makromoleküle wie DNA-Fragmente voneinander trennen.
Standardmäßig geschieht dies in Agarosegelen. Für diese Trennung sind vor allem zwei Faktoren ausschlaggebend: Die negative Ladung der DNA-Fragmente sorgt für die Wanderung von der Kathode (negativer Pol) zur Anode (positiver Pol). Die Molekülmasse bedingt die Wanderungsgeschwindigkeit und damit die Auftrennung der Fragmente. Die kürzeren Fragmente wandern schneller in Richtung Anode als die längeren.

M3 Fragmentlänge und Wanderstrecke

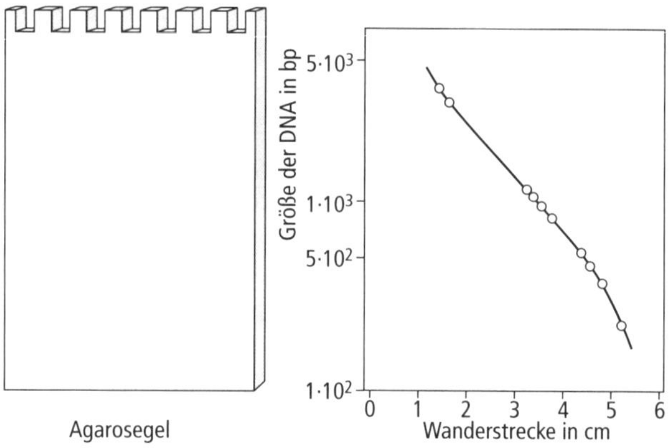

Die aufgetrennten DNA-Fragmente müssen als Banden sichtbar gemacht werden. Die langsamer wandernden DNA-Fragmente haben eine Länge von etwa 3000 Basenpaaren (bp), die schneller wandernden eine Länge von 250 bis 1100 Basenpaaren. Die Kurve rechts stellt die Beziehung zwischen Fragmentlänge der DNA und Wanderungsstrecke im elektrischen Feld dar.

M2 Gelelektrophorese (Schema)

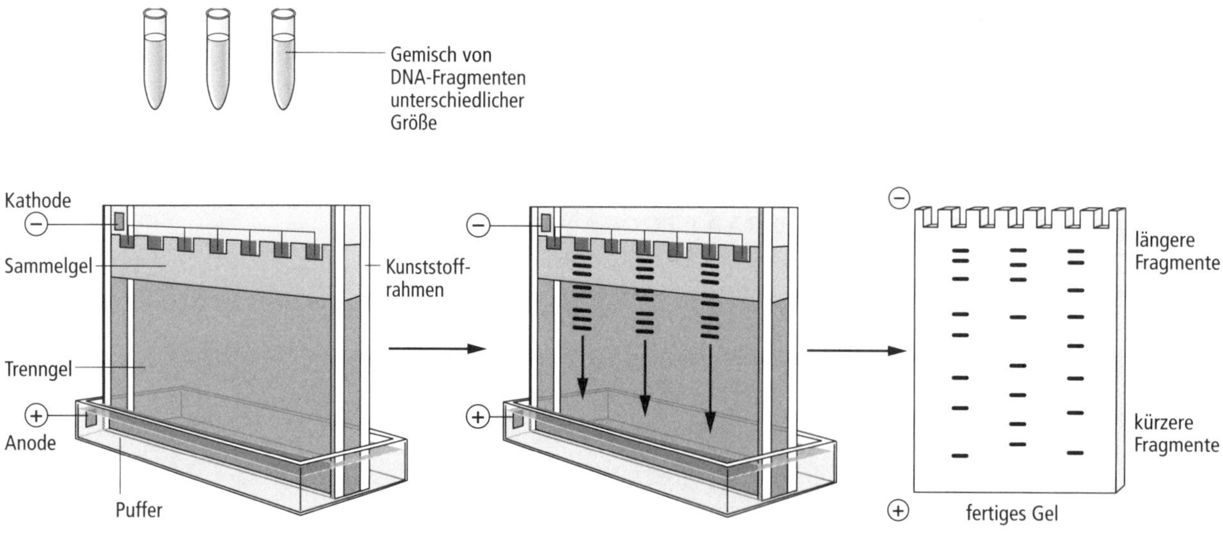

1. Beschreiben Sie mit eigenen Worten den Vorgang der Gelelektrophorese!
2. Übertragen Sie die Daten aus M3 in ein Agarosegelmuster! Orientieren Sie sich dabei an M2!

© 2005 Schroedel, Braunschweig

Sichtbarmachen der DNA-Fragmente

Die Banden in dem Agarosegel sind nicht sichtbar und müssen zur Auswertung erst markiert werden. Dies geschieht unter anderem mithilfe des *Southern-Blottings.*

M1 Southern-Blotting

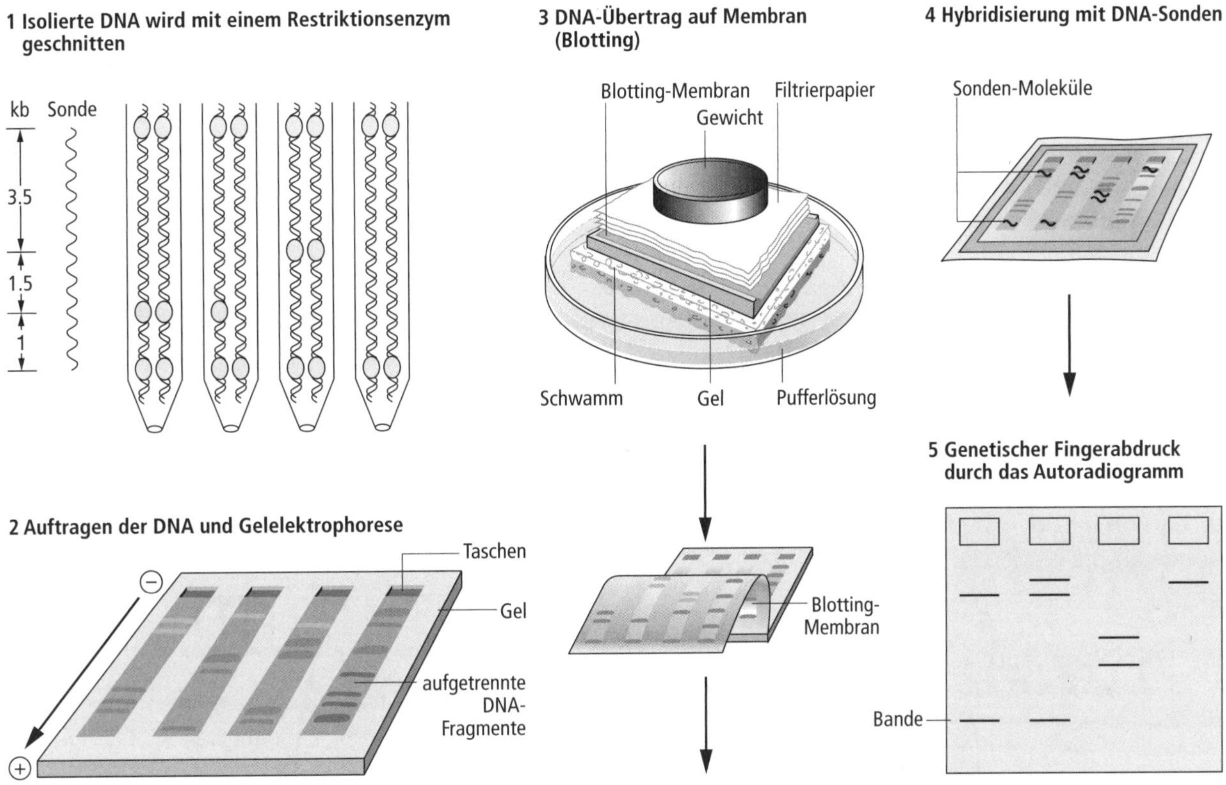

Die aufgetrennten DNA-Fragmente werden im Agarosegel mit alkalischer Pufferlösung einsträngig gemacht. Ein Teil der DNA-Fragmente wird durch die Saugkraft des Filterpapiers auf eine Blotting-Membran übertragen und durch Wärme fixiert. Die Blotting-Membran wird vom Agarosegel abgezogen. Nicht fixierte Einzelstrang-DNA wird abgewaschen. Ausgewählte einsträngige, radioaktiv markierte DNA-Sonden werden dazugegeben. Sie binden an die gesuchten komplementären DNA-Abschnitte auf der Membran und markieren diese. Ein Röntgenfilm wird auf die Membran aufgelegt. Nach der Filmentwicklung sind die markierten DNA-Fragmente als schwarze Banden erkennbar. Dieses Bandenmuster nennt man genetischen Fingerabdruck.

M2 Genetischer Fingerabdruck

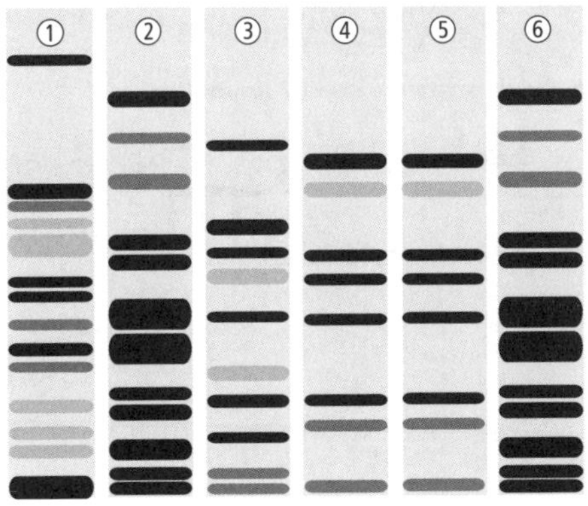

1, 3, 4, 5 = Verdächtige (4 und 5 sind Zwillinge);
2 = Probe von Klaus B. ; 6 = gefundene Blutprobe

1. Erklären Sie anhand von M1 und M2 Durchführung und Bedeutung des Southern-Blottings!
2. Übertragen Sie das Bandenmuster (M2) in schematisierter Form in Ihr Heft! Vergleichen Sie die Muster und begründen Sie, von welcher Person die Blutspur stammt!
3. Der genetische Fingerabdruck ist für jeden Menschen charakteristisch. Überprüfen Sie, ob diese Aussage für eineiige Zwillinge zutrifft!

© 2005 Schroedel, Braunschweig

Polymerase-Kettenreaktion – PCR

Der mutmaßliche zweite Täter, Martin V., hatte nur wenige Spuren hinterlassen. Nach langem Suchen wurden am Tatort drei vereinzelte Haare gefunden. Da für einen DNA Fingerprint die aus den Zellkernen der Haarwurzeln isolierten DNA-Mengen zu gering waren, mussten diese mithilfe der Polymerase-Kettenreaktion (engl. *polymerase chain reaktion,* PCR) vor der gelelektrophoretischen Auftrennung vervielfältigt werden. Voraussetzung für die PCR ist die Kenntnis kurzer Basensequenzen am Anfang und Ende des zu replizierenden Einzelstrang-Abschnitts. Benötigt werden dann Primer mit der komplementären Basensequenz zu diesen bekannten Sequenzen.

M1 Schema der Polymerase-Kettenreaktion

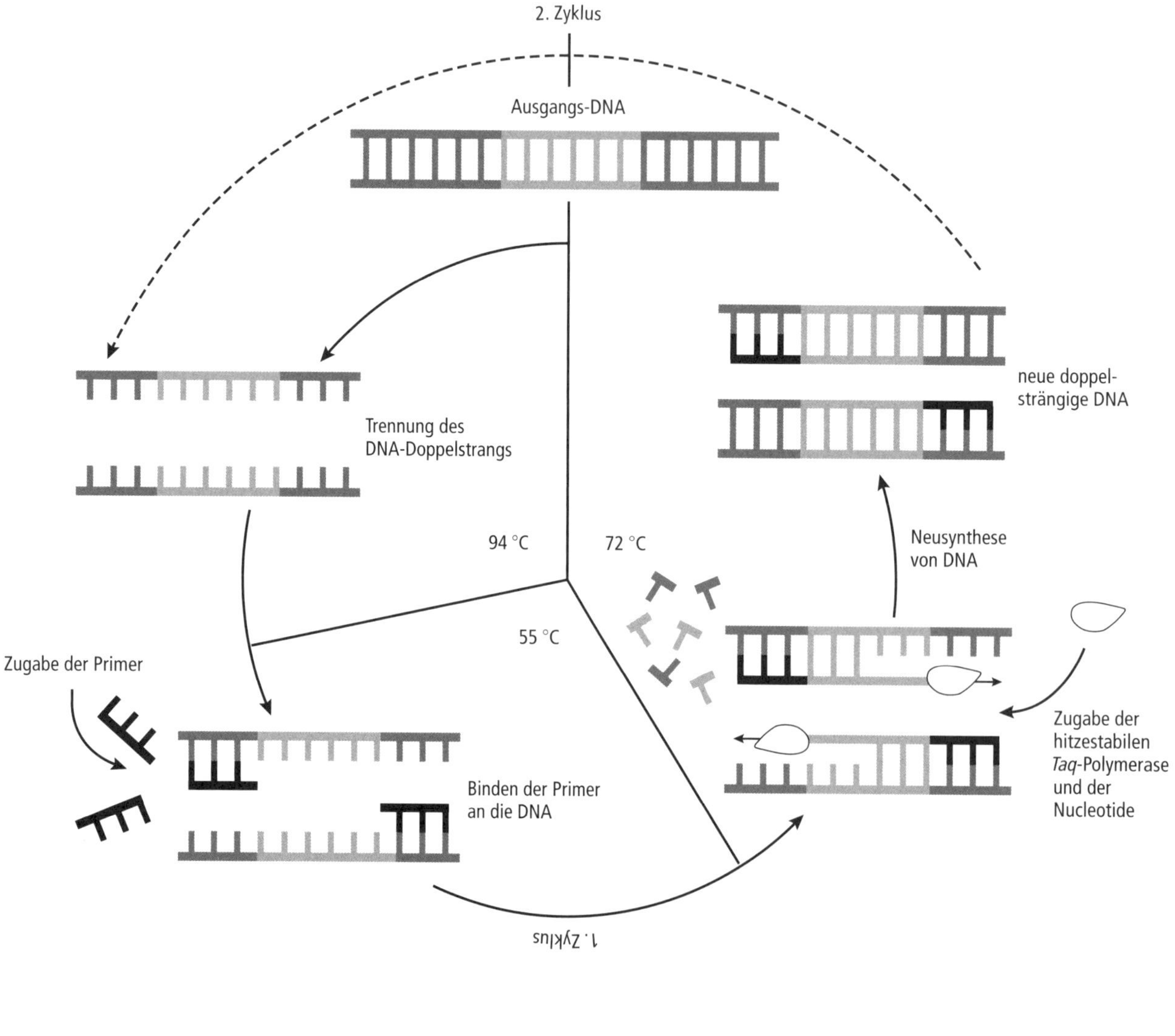

1. Beschreiben Sie das Verfahren der PCR und erläutern Sie, weshalb die Proben auf unterschiedliche Temperaturen erhitzt werden müssen! Erklären Sie in diesem Zusammenhang auch die Bedeutung der Primer und der *Taq*-Polymerase!
2. Gegeben sind der DNA-Doppelstrang (DNA-Ausgangsstrang, M1, Tatverdächtiger 1; siehe Seite 19 „Überführung des zweiten Täters") und die Primer $^{5'}AACT^{3'}$ und $^{3'}TCGA^{5'}$. Konstruieren Sie mithilfe der Angaben die ersten Zyklen der PCR, bis der zu vervielfältigende DNA-Abschnitt, die Ziel-DNA, isoliert vorliegt!
3. Berechnen Sie, wie viele Ziel-DNA-Fragmente nach vier Zyklen entstanden sind!

© 2005 Schroedel, Braunschweig

Überführung des zweiten Täters

Aus der isolierten DNA-Probe der gefundenen Haarwurzeln wurde mittels PCR ein spezieller DNA-Abschnitt vervielfältigt. Um zu klären, welcher der drei Tatverdächtigen am Tatort war, wurde Martin V. eine Haarprobe entnommen und ebenfalls untersucht. Für derartige Untersuchungen verwendet man ausgewählte, nicht-codierende Abschnitte der DNA. Diese setzen sich aus kurzen, gleichartigen Sequenzen zusammen. Eine Sequenz, auch *Motiv* oder *repeat* genannt, kann aus zwei bis zehn Basenpaaren bestehen. Die Motive werden 3- bis 40-mal tandemartig wiederholt und als *small tandem repeat* (STR) bezeichnet. Die Basenfolge der repeats ist bei allen Menschen gleich, die Häufigkeit der Wiederholungen variiert jedoch von Mensch zu Mensch. Damit ist die Länge dieser DNA-Abschnitte ein charakteristisches Merkmal.

Bei der vorliegenden Untersuchung wurden Primer verwendet, die direkt links und rechts neben den STRs zehn Basenpaare binden. Die STRs in M1 stammen aus homologen Chromosomenbereichen.

M1 Ausgewählte DNA-Fragmente von drei Tatverdächtigen

Spur	Tatverdächtiger	DNA-Basensequenz
1	1	$^{5'}$TAACGGAACT**GATAGATAGATAGATAGATAGATAGATAGATAGATAGATA**AGCTGATTGC$^{3'}$
		$^{5'}$TAACGGAACT**GATAGATAGATAGATAGATAGATAGATA**AGCTGATTGC$^{3'}$
2	2	$^{5'}$TAACGGAACT**GATAGATAGATAGATAGATAGATAGATAGATA**AGCTGATTGC$^{3'}$
		$^{5'}$TAACGGAACT**GATAGATAGATAGATAGATA**AGCTGATTGC$^{3'}$
3	3	$^{5'}$TAACGGAACT**GATAGATAGATAGATAGATAGATAGATAGATAGATA**AGCTGATTGC$^{3'}$
		$^{5'}$TAACGGAACT**GATAGATAGATA**AGCTGATTGC$^{3'}$

M2 Vergleich der Spuren mithilfe des genetischen Fingerabdrucks

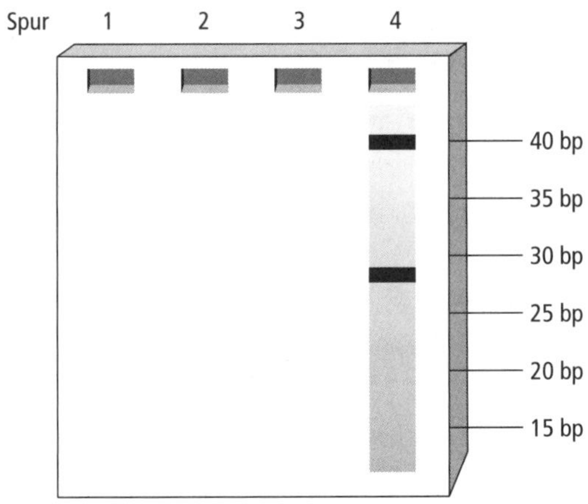

Spur 1: Haarprobe des Tatverdächtigen 1 (Martin V.)

Spur 2: Haarprobe des Tatverdächtigen 2

Spur 3: Haarprobe des Tatverdächtigen 3

Spur 4: Bandenmuster der DNA aus den am Tatort gefundenen Haaren

© 2005 Schroedel, Braunschweig

1. Ermitteln Sie die Anzahl der repeats in den DNA-Fragmenten aus den verschiedenen Spuren!
2. Welches Bandenmuster ergibt sich nach der gelelektrophoretischen Auftrennung dieser Fragmente? Zeichnen Sie die Banden in M2 ein!
3. Begründen Sie, von welchen Tatverdächtigen die am Tatort gefundene Haarprobe nicht stammen kann!
4. 1990 hat der Bundesgerichtshof erstmals den genetischen Fingerabdruck als Beweismittel für zulässig erklärt. Bedingung ist, dass es sich bei den ausgewählten DNA-Abschnitten um nicht-codierende DNA-Bereiche handelt. Begründen Sie diese Einschränkung!

Lösungen

Vorwissen: molekularer Aufbau der DNA, Replikation

DNA Fingerprint – Genetischer Fingerabdruck

Hinweis: Es gibt 2 verschiedene Verfahren, einen genetischen Fingerabdruck zu erzeugen, die RFLP-Methode und die STR-Typisierung. Beide werden in dem Schwerpunktvorhaben dargestellt. Die RFLP-Methode ist das ursprüngliche Verfahren.

1. –
2. Mithilfe der scharfkantigen Sandkörner wird die Leber zerrieben. Je kleiner die Stückchen sind, desto größer ist die Oberfläche, an der die zugefügten Stoffe angreifen können. Das fettlösende Spülmittel löst die Zellmembran auf; durch Zugabe des Salzes wird das Wasser entzogen. Beim Erhitzen wird der Suspension Energie zugefügt, um die Reaktion zu beschleunigen und die zelleigenen Enzyme zu denaturieren, damit diese die DNA nicht zerstören. Das enzymhaltige Feinwaschmittel (Proteasen) spaltet die Proteine. Ethanol macht durch seine Polarität die DNA sichtbar.

Restriktionsenzyme

1. **DNA-Sequenz 1**

   5'GG**AGCT**GGTGGTGGTGGTGGTGGTGGTAGT**GAATTC**CCATATC3'
   3'CC**TCGA**CCACCACCACCACCACCACCATCA**CTTAAG**GGTATAG5'

   DNA-Sequenz 2

   5'GG**AGCT**GGTGGTGGTGGTACT**GAATTC**CCATATC3'
   3'CC**TCGA**CCACCACCACCATGA**CTTAAG**GGTATAG5'

   DNA-Sequenz 3

   5'GG**AGCT**GGTGGTGGTGGTACT**GAATTC**CCATATC3'
   3'CC**TCGA**CCACCACCACCATGA**CTTAAG**GGTATAG5'

   DNA-Sequenz 4

   5'GG**AGCT**GGTGGTGGTGGTACT**GAATTC**CCATATC3'
   3'CC**TCGA**CCACCACCACCATGA**CTTAAG**GGTATAG5'

2. *Eco*RI schneidet die DNA mit versetzten Enden (sticky ends), *Alu*I mit glatten Enden (blunt ends).
3. Klonierung und Genmanipulation wurden durch Entdeckung der Restriktionsenzyme erst möglich. Mithilfe von Restriktionsenzymen lässt sich DNA an ausgewählten Stellen zerschneiden, wodurch sich gezielt einzelne DNA-Fragmente gewinnen lassen. Diese können dann neu zusammengesetzt werden: entweder so, wie sie waren oder neu kombiniert innerhalb einer Art oder aber auch neu kombiniert zwischen verschiedenen Arten.

Trennung der DNA-Fragmente

1. Bei der Gelelektrophorese werden Makromoleküle unter Einfluss eines elektrischen Feldes voneinander getrennt. Die DNA-Fragmente werden in Taschen eines Gels, meistens ein Agarosegel, übertragen. Wird eine Spannung angelegt, wandern die negativ geladenen DNA-Fragmente zum positiven Pol. Dabei bewegen sich die Fragmente je nach Länge unterschiedlich schnell von der Kathode zur Anode. Gleich lange Fragmente sammeln sich in Banden auf dem Gel. Diese müssen erst noch sichtbar gemacht werden.
2. 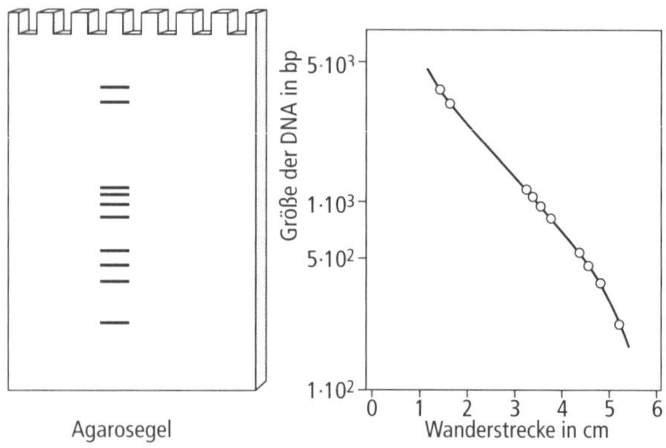

Sichtbarmachen der DNA-Fragmente

1. Nachdem DNA-Fragmente mithilfe der Elektrophorese im Agarosegel aufgetrennt wurden, werden sie mit einer alkalischen Pufferlösung einsträngig gemacht. Dazu wird das Gel auf einen Schwamm gelegt, der sich in der Pufferlösung befindet. Das Gel wird mit einer Blotting-Membran und mit Filterpapier abgedeckt und mit einem Gewicht beschwert (Blotting). Sind die DNA-Fragmente durch die Saugkraft auf die Membran übertragen worden, werden sie durch Wärme fixiert. Die nicht fixierten Einzelstränge werden ausgewaschen. Ausgewählte einsträngige, radioaktiv markierte DNA-Sonden (20 bis 30 Basenpaare) werden dazugegeben. Diese lagern sich an komplementäre Fragmente an und markieren sie. Ein Röntgenfilm wird auf die Membran aufgelegt. Auf dem entwickelten Film sind die Fragmente als dunkle Banden zu erkennen. Dies ist der genetische Fingerabdruck. Auf diese Weise kann ein DNA-Abschnitt identifiziert werden.
2. Das Blut stammt von Person 2, somit ist Klaus B. der mutmaßliche Täter. Seine DNA stimmt mit der aus den Blutspuren isolierten DNA (6) überein.

3. Bei eineiigen Zwillingen ist eine Zuordnung problematisch, da ihr genetischer Fingerabdruck weitgehend übereinstimmt (4 und 5).

Polymerase-Kettenreaktion – PCR

1. Mithilfe der Polymerase-Kettenreaktion können DNA-Stücke vervielfältigt werden. Das zu vermehrende DNA-Stück wird kurz auf 94 °C erhitzt, um die komplementären DNA-Stränge zu trennen. Anschließend wird auf 55 °C abgekühlt, damit sich die beiden gegenläufig orientierten Primer komplementär jeweils an den einsträngigen DNA-Strang binden können, der zwischen ihnen vermehrt werden sollen. Sie definieren so den zu vermehrenden Bereich. Nach Zugabe der hitzestabilen *Taq*-Polymerase und den vier verschiedenen Nucleotiden erfolgt die Replikation des bestimmten DNA-Fragments. Das erneute Erhitzen auf 72 °C ermöglicht die Replikation der DNA durch die *Taq*-Polymerase. Die hitzestabile Polymerase hat den Vorteil, dass sie im Gegensatz zu anderen Polymerasen auch bei Temperaturen über 40 °C nicht ihre Aktivität verliert. Bei 94 °C wird die Replikation abgebrochen.
2. **Erster Zyklus**

   DNA-Strang des Tatverdächtigen 1:

   5'TAACGGAACT**GATA** [...] **GATAGATA**AGCTGATTGC3'
   3'ATTGCCTTGA**CTAT** [...] **CTATCTAT**TCGACTAACG5'

   Erhitzen auf 94 °C, Zugabe der Primer und Abkühlen auf 55 °C

   5'TAACGGAACT**GATA** [...] **GATAGATA**AGCTGATTGC3'
   TCGA5'

   5'AACT
   3'ATTGCCTTGA**CTAT** [...] **CTATCTAT**TCGACTAACG5'

   Zugabe der Nukleotide und der *Taq*-Polymerase, Synthese der DNA

   5'TAACGGAACT**GATA** [...] **GATAGATA**AGCTGATTGC3'
   3'ATTGCCTTGA**CTAT** [...] **CTATCTAT**TCGA5'

   5'AACT**GATA** [...] **GATAGATA**AGCTGATTGC3'
   3'ATTGCCTTGA**CTAT** [...] **CTATCTAT**TCGACTAACG5'

   Zweiter Zyklus – Ergebnis

   5'TAACGGAACT**GATA** [...] **GATAGATA**AGCTGATTGC3'
   3'ATTGCCTTGA**CTAT** [...] **CTATCTAT**TCGA5'

   5'AACT**GATA** [...] **GATAGATA**AGCT3'
   3'ATTGCCTTGA**CTAT** [...] **CTATCTAT**TCGA5'

   5'AACT**GATA** [...] **GATAGATA**AGCTGATTGC3'
   3'TTGA**CTAT** [...] **CTATCTAT**TCGA5'

   5'AACT**GATA** [...] **GATAGATA**AGCTGATTGC3'
   3'ATTGCCTTGA**CTAT** [...] **CTATCTAT**TCGACTAACG5'

   Dritter Zyklus – Ergebnis

   5'TAACGGAACT**GATA** [...] **GATAGATA**AGCTGATTGC3'
   3'ATTGCCTTGA**CTAT** [...] **CTATCTAT**TCGA5'

   5'AACT**GATA** [...] **GATAGATA**AGCT3'
   3'ATTGCCTTGA**CTAT** [...] **CTATCTAT**TCGA5'

   5'AACT**GATA** [...] **GATAGATA**AGCT3'
   3'TTGA**CTAT** [...] **CTATCTAT**TCGA5' **Ziel-DNA**

   5'AACT**GATA** [...] **GATAGATA**AGCT3'
   3'ATTGCCTTGA**CTAT** [...] **CTATCTAT**TCGA5'

   5'AACT**GATA** [...] **GATAGATA**AGCTGATTGC3'
   3'TTGA**CTAT** [...] **CTATCTAT**TCGA5'

   5'AACT**GATA** [...] **GATAGATA**AGCT3'
   3'TTGA**CTAT** [...] **CTATCTAT**TCGA5' **Ziel-DNA**

   5'AACT**GATA** [...] **GATAGATA**AGCTGATTGC3'
   3'TTGA**CTAT** [...] **CTATCTAT**TCGA5'

   5'AACT**GATA** [...] **GATAGATA**AGCTGATTGC3'
   3'ATTGCCTTGA**CTAT** [...] **CTATCTAT**TCGACTAACG5'
3. Nach vier Zyklen sind acht Ziel-DNA-Fragmente entstanden. Die Anzahl der Ziel-DNA-Fragmente berechnet sich nach der Formel $2^n - 2n$.

Überführung des zweiten Täters

1. Spur 1 hat 10 repeats (40 bp) und 7 repeats (28 bp), Spur 2 8 repeats (32 bp) und 5 repeats (20 bp) und Spur 3 9 repeats (36 bp) und 3 repeats (12 bp).
2. 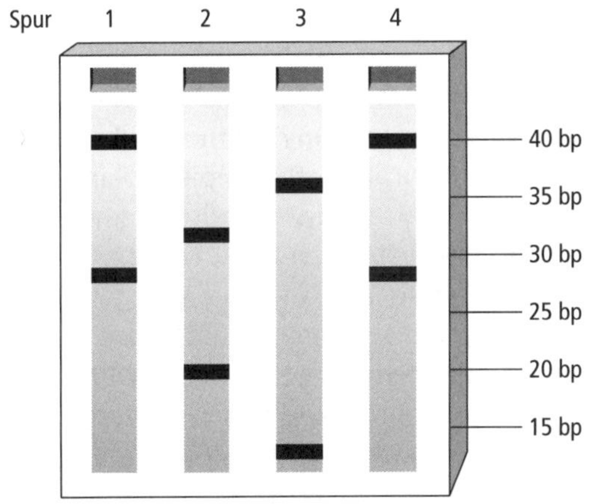

3. Die Haarprobe kann nicht vom zweiten und dritten Tatverdächtigen stammen, da die isolierten DNA-Fragmente nicht mit Spur 4 übereinstimmen. Damit sind die Personen 2 und 3 entlastet. Zur eindeutigen Überführung von Martin V. als Täter müsste aber die Untersuchung auf wesentlich mehr STRs ausgedehnt werden.
4. Aufgrund codierender Abschnitte können persönliche Merkmale identifiziert werden. Dies ist aus datenschutzrechtlichen Gründen nicht zulässig.

Xeroderma pigmentosum

M1 Growing up with XP *by Bill Jeffries*

My name is Bill. I am 53 years old and I've had XP (Xeroderma pigmentosum) since the age of nine. I am considered in the XP variant group. This means that my condition isn't as severe as most of the other XP groups. Severe or not, its been one hell of a life to live. I'm going to take you through my early years [...].

After each of us is born, we go through the normal stages of everyday life and thinking nothing of it. I'm going to tell how it feels to have all this, and then to have it completely taken away. As a young boy, until the age of eight or nine my life was pretty normal. I was a fair skinned, freckled face kid, that loved going outdoors to play baseball, go fishing, ride my bicycle, and all the rest. During the summer my skin, especially my face and arms, would get very dry and scaled.

Near the age of nine, I developed what appeared to be a mole on my left temple, which grew slowly for awhile. My mother took my brother and me to the beach. After returning, this mole-looking thing began to grow very rapidly. It finally became the size of a quarter nearly 1/4 inch thick. My family doctor removed the mole and that area began to get worse. During this time, my parents were bringing me to a hospital nearby for problems with my left ear. The doctors there asked about the surgery that had been done on my face. They had other doctors look at it and became very concerned. The mole that had been removed turned out to be a melanoma cancer. Afraid that the cancer might spread, the doctors suggested having the skin on my face removed, and use skin from other parts of my body to replace it. So the operation started. Here's a nine year old kid that was a normal kid and a few months later his life was turned upside down. What was his life going to be like now?

Not really knowing what to expect from all this talk about surgery, I was really terrified. My first operation dealt with my ears. They both stuck out like airplane wings. A lot of people, mostly kids, had made fun of this most of my life. On this note, I was thrilled to learn that my ears would be reset to look like normal people's ears.

During the operation the doctors found that I had a severe mastoid problem. This was the cause that had brought me to the hospital in the first place. It had to be corrected immediately; then the outer ears would be dealt with. They ended up removing most of my left cheek from my left ear to my chin. This required more surgery to remove tissue from other parts of my body. I had to wear bandages on my head which were so thick, my head felt twice the normal size. I could only drink from a straw for a long period of time then later eat apple sauce with a spoon. You know, I still like apple sauce even today. Ha, Ha.

The operations continued all through my high school years up to the 11th grade. Most of the operations took place during the summer vacations and during some christmas holidays. I sometimes missed month of school. I had a neighbour that was in the same class as I. She would take my homeworks to school and I would stay up nearly all night to do it. Much of that time I only could see with one eye at a time, because of the way the bandages were placed. [...]

I did finish high school at the tender age of 17. There were times that I wanted to just call it quits. Can the average person really understand how much torture I went through with people looking at me and pointing and making fim of my problems? There were, of course, students that helped me get trough all this.
I did have many friends, even back then. There were no support groups to contact. Nobody knew anything about what I had. By the grace of God, there were a few doctors that were really years ahead of their time.

© 2005 Schroedel, Braunschweig

M2 Stammbaum einer Familie mit XP

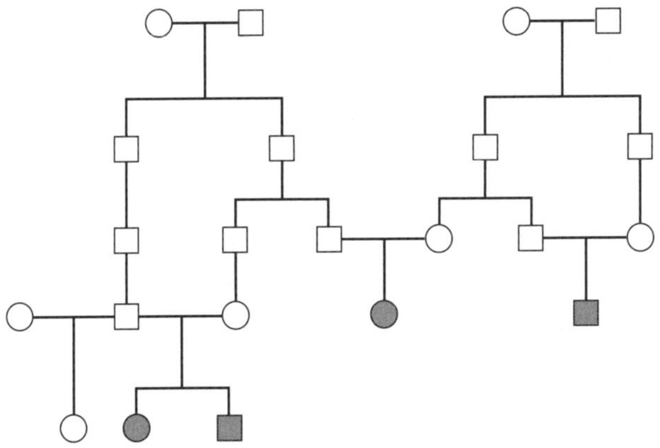

M4 Folgen von Verwandtenehen

Verwandtschaftsgrad der Eltern	Neugeborene	Totgeborene	Missbildungen bei Überlebenden
0	64 204	2374	379
1/16	4165	213	31
1/8	336	16	1

Die Tabelle zeigt den Zusammenhang zwischen Verwandtenehen, Totgeburten und Missbildungen bei lebend aus der Klinik entlassenen Neugeborenen. Die Daten wurden in Brasilien, Indien und Malaysia erhoben.

M3 Familienplanung

Ehepaar M. wünscht sich eine große Familie. Ihr kranker fünfjähriger Sohn Sven soll nicht als Einzelkind aufwachsen. Die Eltern haben sich entschlossen, eine humangenetische Beratungsstelle aufzusuchen, um das Krankheitsrisiko bei der Geburt eines zweiten Kindes zu klären.

Frau M.: Mein Mann und ich hätten gerne noch weitere Kinder. Allerdings ist unser Leben mit Sven sehr schwer. Er ist ein liebes Kind, aber häufig krank und pflegebedürftig.

Dr. B.: Woran leidet ihr Sohn?

Herr M.: Unser Sohn leidet an XP. Schon als Säugling hatte er sehr trockene Haut mit vielen Verfärbungen. Er war von Anfang an sehr lichtempfindlich und bekam leicht einen Sonnenbrand. Als er etwa drei Jahre alt war, traten neben gutartigen Hautveränderungen erste bösartige Tumore an der Haut und an den Augen auf, die operativ entfernt werden mussten. Inzwischen ist er unzählige Male im Krankenhaus gewesen. Er ist mit seinen fünf Jahren in seiner Entwicklung weit hinter anderen Kinder zurück. Auch hört und sieht er schlecht.

Frau M.: Mein Mann hat alle Fenster unserer Wohnung mit einer speziellen UV-Schutzfolie beschichtet. Ohne entsprechende Kleidung und Sonnencreme mit dem Lichtschutzfaktor 60 lassen wir ihn nicht nach draußen, und dann auch nur nach Sonnenuntergang.

Herr M.: Ich verstehe es nicht. Meine Frau und ich sind bestimmt nicht miteinander verwandt. Weder in der Familie meiner Frau noch in meiner ist ein weiterer Krankheitsfall bekannt.

Frau M.: Die behandelnden Ärzte können nur die Symptome behandeln, nicht die Ursache. Die Wahrscheinlichkeit, dass unser Sven seine Volljährigkeit feiern kann, liegt nur bei 35 Prozent.

Dr. B.: XP ist eine sehr seltene Krankheit. Nur etwa ein Prozent der Bevölkerung sind heterozygote Träger der Erbanlage. Die Wahrscheinlichkeit, mit der ihr weiteres Kind ebenfalls krank wäre, lässt sich berechnen. Im Falle einer weiteren Schwangerschaft könnte die Krankheit auch pränatal diagnostiziert werden. Dann besteht die Möglichkeit eines vorzeitigen Schwangerschaftsabbruches.

1. Arbeiten Sie aus den Materialien charakteristische Merkmale der Krankheit heraus!
2. Analysieren Sie den Erbgang und ermitteln Sie den Vererbungsmodus der Krankheit!
3. Rechnen Sie die in M4 angegebenen Häufigkeiten in Prozentangaben um und werten Sie die Tabelle unter Angabe der Verwandtschaftsverhältnisse aus!
4. Erläutern Sie die Bedeutung von Verwandtenehen für das Auftreten seltener Erbkrankheiten wie Xeroderma pigmentosum und erklären Sie die Ursachen!
5. Welche Gründe kann es für das gehäufte Vorkommen von Verwandtenehen in einem Gebiet geben?
6. Wie groß ist die Wahrscheinlichkeit, dass weitere Kinder des Ehepaares M. krank sein werden?
7. Informieren Sie sich mithilfe von Literatur und Internet über pränatale Diagnosemöglichkeiten! Mit welchen Diagnosemöglichkeiten ist diese Krankheit identifizierbar?

© 2005 Schroedel, Braunschweig

Der Aufbau der Haut

M1 Hauttypen

Hauttyp I
auffallend helle Haut mit Sommersprossen, blaue Augen, hellblonde oder rötliche Haare, im Hochsommer zur Mittagszeit nach 5 bis 10 Minuten Sonnenbrand, keine Bräunung

Hauttyp II
blonde Haare, blaue, graue oder grüne Augen, im Hochsommer zur Mittagszeit nach 10 bis 20 Minuten Hautrötung, mit der Zeit leichte Bräunung

Hauttyp III
dunkelblonde Haare, graue oder braune Augen, im Hochsommer zur Mittagszeit nach 20 bis 30 Minuten leichter Sonnenbrand, zunehmende Bräunung

Hauttyp IV
dunkle Haare, braune Augen, hellbraune Haut, im Hochsommer zur Mittagszeit nach 40 Minuten leichter Sonnenbrand, schnelle und deutliche Braunfärbung

M2 Sonnenbrand

Sonnenbrand, eine akute Entzündung der Haut, wird verursacht durch eine Überdosierung von UV-Strahlung. Die Strahlen dringen in tiefere Hautschichten vor und bewirken die Ausschüttung von Prostaglandinen, körpereigenen Entzündungsfaktoren. Sonnenbrand entsteht am häufigsten durch zu lange Sonnenbäder, durch Unterschätzen der Sonneneinstrahlung im Schatten und durch die Verwendung von Sonnenschutzmitteln mit zu niedrigem Lichtschutzfaktor.

M3 Schweregrade und Symptome des Sonnenbrandes

Grad	Sonnenbrand-Symptome
1	schmerzhafte Rötung, Schwellung
2	Blasenbildung
3	weitgehende Zerstörung und Ablösung der Oberhaut

M4 Aufbau der Haut

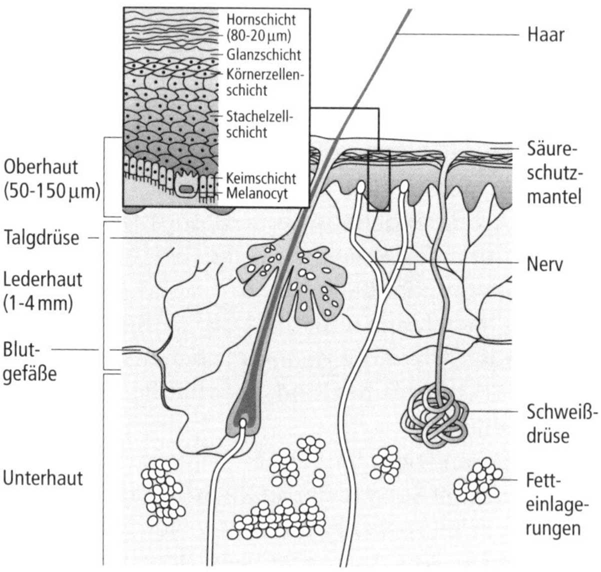

Die Haut von Säuglingen ist nur ein Zehntel so dick wie die von Erwachsenen.

1. Ermitteln Sie Ihren eigenen Hauttyp!
2. Informieren Sie sich in der Fachliteratur über die verschiedenen Funktionen der Haut! Ordnen Sie diese Funktionen den einzelnen Hautstrukturen zu!
3. Sonnenbrand wird durch eine Überdosierung von UV-Strahlung verursacht, die etwa fünf Millimeter tief in die Haut eindringen kann. Erklären Sie anhand von M4, welche Strukturen der Haut in Mitleidenschaft gezogen und welche Funktionen beeinträchtigt werden!
4. Informieren Sie sich über die Bedeutung des Begriffes Lichtschutzfaktor! Wie lange kann eine Person mit Hauttyp II bei Verwendung eines Sonnenschutzmittels mit dem Lichtschutzfaktor 60 im Hochsommer zur Mittagszeit in der Sonne bleiben?
5. Nach ausgiebigen Sonnenbädern nehmen Herpes-Virus-Infektionen im Gesicht stark zu. Begründen Sie!
6. Erklären Sie, warum das Sonnenbrandrisiko bei Kindern deutlich höher ist als bei Erwachsenen!

© 2005 Schroedel, Braunschweig

UV-Strahlung

M1 Spektrum elektromagnetischer Strahlung

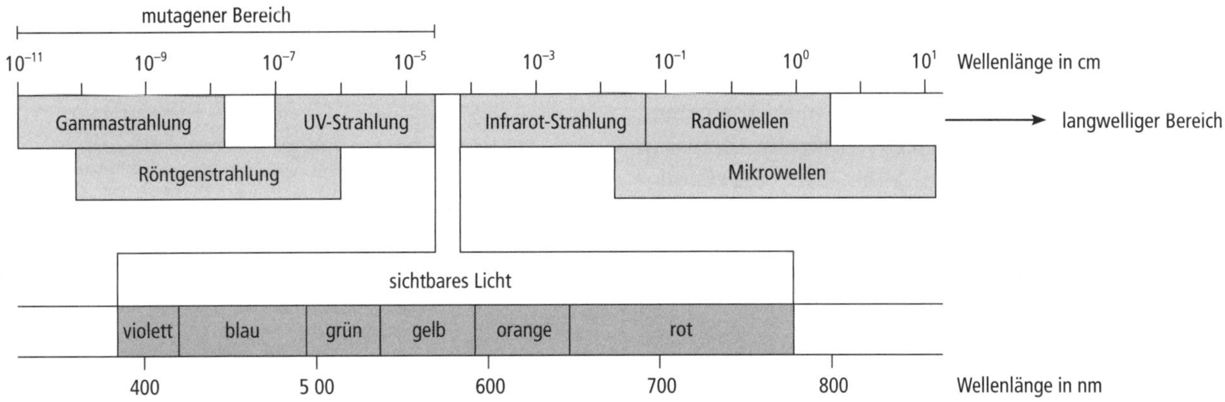

Etwa sechs Prozent der die Erde treffenden Sonnenstrahlung sind UV-Strahlen. UV-C-Strahlung wird von der Ozonschicht vollständig, UV-B in erheblichem Maße, UV-A dagegen kaum absorbiert.

M2 Eindringtiefe der UV-Strahlung in die Haut

UV-Strahlung	Wellenlänge (nm)	Eindringtiefe in die Haut
UV-A	320–400	bis etwa 5 mm
UV-B	280–320	50–100 μm
UV-C	100–280	–

M3 Schematischer Aufbau des Auges und Eindringtiefe der UV-Strahlung

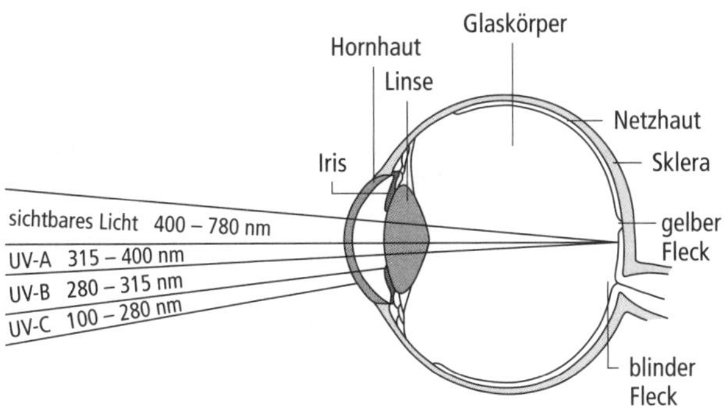

M4 UV-Index und Strahlenbelastung

Der internationale UV-Index (UVI) beschreibt den Tagesspitzenwert der Sonnenbrand wirksamen UV-Strahlung am Boden. An wolkenlosen Tagen wird dieser Wert gegen 14.00 Uhr erreicht. Alle Zeitangaben und Schutzhinweise gelten für den Hauttyp II bei nicht gebräunter Haut.

UVI	UV-Belastung	Sonnenbrand-gefahr	Schutzmaß-nahmen
0–1	sehr gering	sehr unwahrscheinlich	nicht erforderlich
2–4	mittelstark	ab 30 Minuten möglich	empfehlenswert
5–7	hoch	ab 20 Minuten möglich	erforderlich
ab 8	sehr hoch	nach weniger als 20 Minuten	unbedingt erforderlich

1. Der UVI ist abhängig vom Sonnenstand. Informieren Sie sich unter www.bfs.de!
2. Zeichnen Sie in M4 auf Seite 24 „Der Aufbau der Haut" die Eindringtiefe der UV-Strahlung ein! Welche Hautstrukturen und Funktionen sind betroffen?
3. Bei intensiver Sonneneinstrahlung kann es zu einer Verminderung des Sehvermögens kommen. Erklären Sie diesen Befund mithilfe von M3!
4. Viele Medikamente und Kosmetika enthalten Substanzen, die zu fotoallergischen Reaktionen führen können. Was versteht man unter einer fotoallergischen Reaktion? Informieren Sie sich über die Inhaltsstoffe Ihrer Kosmetika und Deos! Welche Konsequenzen ergeben sich für das Sonnenbaden?
5. Informieren Sie sich über die Funktion der Ozonschicht in Ihrem Schulbuch!

© 2005 Schroedel, Braunschweig

Schwarzer Hautkrebs

Der Schwarze Hautkrebs, das maligne Melanom, ist der gefährlichste Hautkrebs. Jedes Jahr erkranken in Deutschland etwa 6900 Personen neu. Diese Krebsform ist verantwortlich für 2 % aller Krebserkrankungen und verursacht 1 % der krebsbedingten Todesfälle. Andere bösartige Hautkrebsformen sind häufiger als der Schwarze Hautkrebs. Sie bilden jedoch keine Metastasen und „nur" 0,2 % aller Krebstodesfälle gehen darauf zurück.

M1 Neuerkrankungen nach Alter von 1989 bis 1998 im Saarland

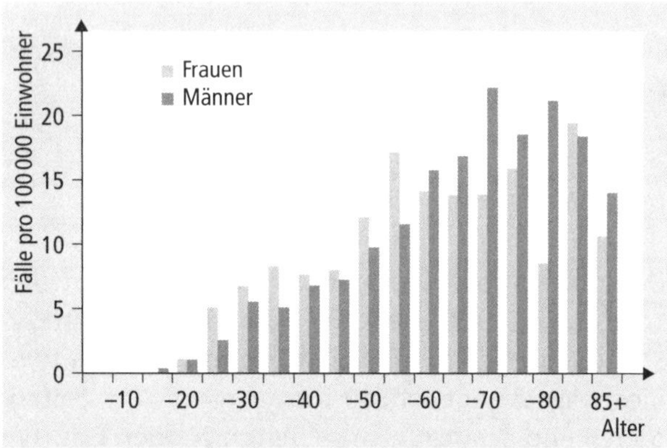

M2 Häufigkeit des Schwarzen Hautkrebses im Saarland und Todesfälle in Deutschland

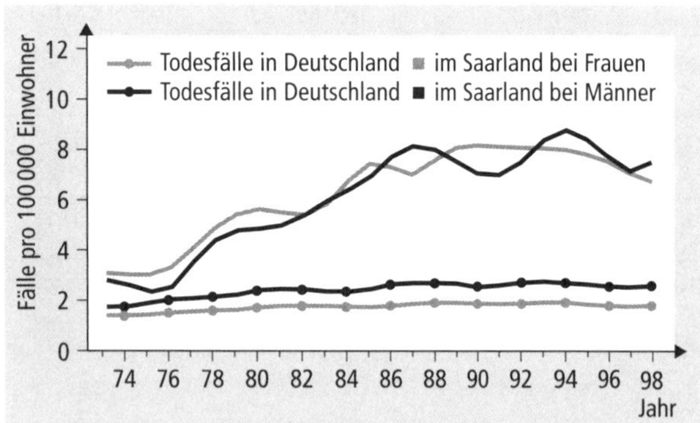

M3 Häufigkeit des Schwarzen Hautkrebses bei Männern und Frauen in Europa

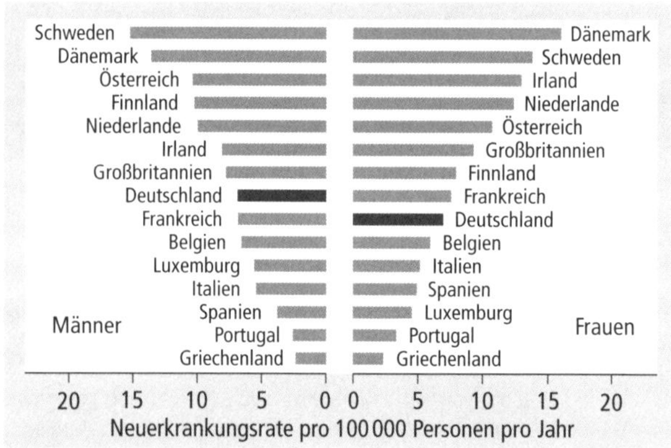

M4 ABCD-Regel

Etwa 60 Prozent aller malignen Melanome entwickeln sich aus gutartigen Leberflecken (umgangssprachlich: Muttermale), die über Jahre hinweg völlig unauffällig waren. Leberflecken sind normalerweise rund oder oval und kleiner als eine Bleistiftspitze. Ursache dieser Erkrankung ist eine Entartung der Melanocyten (Pigmentzellen) in der unteren Schicht der Epidermis. Unter Entartung versteht man die ungehemmte und unkontrollierte Vermehrung von Zellen. Anzeichen für eine beginnende Melanomentwicklung sind:

A	Asymmetrie	Die Form der einen Leberfleckhälfte passt nicht zur anderen.
B	Begrenzung	Die Ränder sind unregelmäßig und unscharf.
C	Color (lat. *color,* Farbe)	Die Pigmentierung ist uneinheitlich schwarz oder braun. Weiße, graue, rote und blaue Flecken treten auf.
D	Durchmesser	Die Größe des Leberflecks nimmt zu.

1. Welche Faktoren begünstigen die Entstehung des Schwarzen Hautkrebses? Begründen Sie Ihre Angaben mithilfe des Materials!
2. Bis zum Beginn der 90er Jahre stieg die Zahl der Hautkrebserkrankungen deutlich an (M2). Welche Gründe können für die Zunahme verantwortlich sein? Berücksichtigen Sie bei Ihren Überlegungen, dass zwischen Verursachung und Ausbruch der Krankheit 20 Jahre liegen können!
3. Entwickeln Sie eine Hypothese über die unterschiedliche Häufigkeit dieser Krebsform bei Männern und Frauen!
4. Informieren Sie sich über andere Hautkrebsformen und ihre Behandlungsmöglichkeiten!

© 2005 Schroedel, Braunschweig

Strahleninduzierte Mutationen

Elektromagnetische Strahlung (siehe Seite 25 „UV-Strahlung") kann Mutationen auslösen. Man unterscheidet die Folgen der UV-Strahlung von denen der anderen elektromagnetischen Strahlungsarten. UV-Strahlung wirkt direkt auf die DNA der Hautzellen ein.

M1 Wirkung von UV-Strahlung auf molekularer Ebene

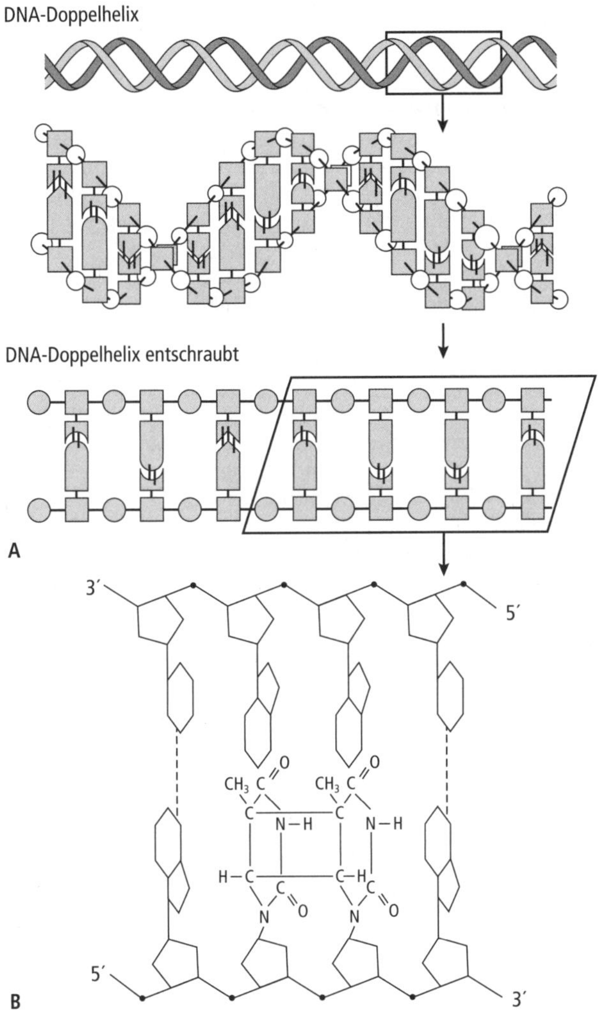

A DNA; B Bildung von Thymindimeren

M2 Replikationsgebundene Reparatursysteme

Zellen besitzen verschiedene DNA-Reparatursysteme. Das replikationsgebundene Reparatursystem zum Beispiel erkennt nach Einbau von Adenin am ersten Thymin des Dimers den Fehler, entfernt das Adenin und beginnt erneut mit der Replikation.

M3 Die Nucleotid-Excisionsreparatur (NER)

Dimerbildung: ⚡UV

T G C T C A T A T G G T T A T A G C T G T C C G G T A T
A C G A G T A T A C C A A T A T C G A C A G G C C A T A

↓

Endonuclease: ____________________

T G C T C A T A T G G T T A T A G C T G T C C G G T A T
A C G A G T A T A C C A A T A T C G A C A G G C C A T A

↓

Exonuclease: ____________________

T G C T C A T A T G G   C T G T C C G G T A T
A C G A G T A T A C C A A T A T C G A C A G G C C A T A

↓

DNA-Polymerase I: ____________________

T G C T C A T A T G G T T A T A G C T G T C C G G T A T
A C G A G T A T A C C A A T A T C G A C A G G C C A T A

↓

Ligase: ____________________

T G C T C A T A T G G T T A T A G C T G T C C G G T A T
A C G A G T A T A C C A A T A T C G A C A G G C C A T A

M4 Genetische Ursache von XP

XP beruht auf einem genetischen Defekt im UV-Reparatursystem. Heute sind bereits acht verschiedene Gene identifiziert worden, deren Mutation für diesen Phänotyp verantwortlich ist.

1. Zeichnen Sie die Struktur von zwei benachbarten Thyminbasen und ihre Bindung an Adenin! Vergleichen Sie diese Struktur mit M1! Erläutern Sie die Folgen der UV-Bestrahlung auf molekularer Ebene!
2. Welche Folgen hat die Dimerbildung für die Replikation der DNA?
3. Informieren Sie sich mithilfe Ihres Schulbuchs über die Funktion der Enzyme Endonuclease, Exonuclease, DNA-Polymerase I und Ligase! Tragen Sie die Funktionen in M3 ein und erklären Sie den Ablauf der NER!
4. Erklären Sie mithilfe Ihrer Kenntnisse das erhöhte und zunehmende Hautkrebsrisiko bei XP-Patienten!

© 2005 Schroedel, Braunschweig

Lösungen

Vorwissen: klassische Erbgänge, Bau der DNA, Replikation

Xeroderma pigmentosum

1. Charakteristische Merkmale der Krankheit sind trockene Haut mit vielen Verfärbungen (Naevi), Lichtempfindlichkeit, erhöhte Sonnenbrandgefahr, häufiges Auftreten von Hauttumoren an exponierten Körperstellen wie Gesicht und Hände und neurodegenerative Erscheinungen wie vermindertes Hör- und Sehvermögen. Entwicklungsrückschritte sind in der Regel durch die häufigen Krankenhausaufenthalte und den eingeschränkten Aktionsradius bedingt.
2. Merkmalsträger tauchen nicht in jeder Generation auf, die Anzahl der Nicht-Merkmalsträger ist wesentlich geringer als die Zahl der Merkmalsträger. Es gibt sowohl weibliche als auch männliche Merkmalsträger. Merkmalsträger treten häufig erst bei Verwandtenehen auf. Das Merkmal wird rezessiv autosomal vererbt. Die Eltern fast aller Merkmalsträger sind miteinander verwandt und Nicht-Merkmalsträger (Genotyp: Aa).
3.

Verwandtschaftsgrad der Eltern	Neugeborene	Totgeborene	Missbildungen bei Überlebenden
0	100 %	3,7 %	0,59 %
1/16	100 %	5,1 %	0,74 %
1/8	100 %	4,7 %	0,3 %

   Ein eindeutiger Zusammenhang zwischen Verwandtschaftsgrad der Eltern und Häufigkeit von Missbildungen bei Neugeborenen kann aufgrund der geringen Größe der Stichprobe nicht festgestellt werden. Verwandtschaft der Eltern kann zu einem erhöhten Risiko führen, dass Kinder tot geboren werden. Die negativen Folgen bei Verwandtenehen sind allerdings nicht so gravierend und eindeutig, wie vielfach angenommen wird.
   Ein Verwandtschaftsgrad von einem Achtel liegt bei Cousin und Cousine, ein Verwandtschaftsgrad von einem Sechzehntel bei Cousin und Großcousine vor.
4. Etwa ein Prozent der mitteleuropäischen Bevölkerung ist heterozygoter Träger des Allels für XP. Bei Verwandtenehen steigt die Wahrscheinlichkeit des Zusammentreffens zweier heterozygoter Träger stark an.
5. Zu vermuten sind vor allem religiöse und kulturelle Gründe. Die Religion „empfiehlt" die Heirat innerhalb der Familie. Kleine Religionsgemeinschaften oder Volksgruppen leben „endemisch" in einem Gebiet, das überwiegend von Personen anderer Religion oder kultureller Zugehörigkeit bevölkert wird. Heirat ist weitgehend nur innerhalb einer kleinen Kaste oder sozialen Schicht möglich.
6. Die Wahrscheinlichkeit liegt bei 25 Prozent.
7. Zu den pränatalen Diagnosemöglichkeiten gehören die *nicht-invasiven Verfahren* Analyse von Familienstammbäumen, Ultraschalluntersuchung, Blutuntersuchung der Schwangeren und die *invasiven Verfahren* Amniozentese, Nabelschnurpunktion, Chorionzottenbiopsie. Mit allen invasiven Verfahren ist die Krankheit diagnostizierbar.

Der Aufbau der Haut

1. –
2. Die Haut ist das größte Organ des Menschen; ihre Oberfläche beträgt 1,5 bis 2 m^2, die Masse 3,5 bis 10 kg. Die Haut wird unterteilt in Oberhaut, Lederhaut und Unterhaut. Zu den Aufgaben der *Oberhaut* gehören die Bildung von Epithelzellen, Melanocyten und Keratinocyten. Epithelzellen bieten als Hornschicht Schutz vor äußeren Einflüssen. Melanocyten sorgen für die Pigmentierung der Haut und dienen als Schutz vor UV-Strahlung. Keratinocyten entstehen durch Zellteilung in der Keimschicht und ermöglichen die Regeneration der Haut. Die *Lederhaut* besteht aus einem Netz elastischer und kollagener Fasern, in das Hautdrüsen, Haarwurzeln und Tastkörperchen eingebettet sind. Blutgefäße und Nerven ermöglichen die Versorgung des Organs, dienen der Kommunikation und sind Bestandteil der Immunabwehr. Fasern verleihen der Haut Reißfestigkeit und reversible Verformbarkeit. Blut und Hautdrüsen helfen bei der Regulation von Temperatur und Wasserhaushalt. Nerven und Tastkörperchen dienen der Wahrnehmung von Sinneseindrücken. Bindegewebe und Fettgewebe der *Unterhaut* ermöglichen die Verschiebbarkeit der Haut und dienen als Fettspeicher der Wärmeisolation.
3. Eine Überdosierung von UV-Strahlung verändert die Strukturen von Epithelzellen, Melanocyten, Keratinocyten, Zellen der Immunabwehr, elastischen und kollagenen Fasern, Hautdrüsen, Haarwurzeln, Tastkörperchen und Zellen des Fettgewebes. Infolge dieser strukturellen Veränderungen kommt es beim Schutz, bei der Temperaturregulation, bei der Sinnesfunktion, bei der Immunabwehr und bei der Kommunikation zu funktionellen Beeinträchtigungen. Die Strukturveränderung der Fasern führt zur vorzeitigen Hautalterung.
4. Der **L**icht**s**chutz**f**aktor (LSF) ist ein Maß für die Wirksamkeit von **L**icht**s**chutz**m**itteln (LSM). Er gibt an, um wie viel länger eine durch LSM geschützte Person im Vergleich zu einer ungeschützten Person sich der Sonne aussetzen kann, bis ein Sonnenbrand eintritt. Eine Person mit Hauttyp II kann sich nach Auftragen eines LSM mit dem LSF 60 etwa zehn Stunden der Sonne aussetzen.
5. Sonnenbrand führt zur Zerstörung von für die Immunabwehr notwendigen Zellen und damit zur Schwächung des Immunsystems. Ein geschwächtes Immunsystem ist nicht mehr in der Lage, Herpesviren, die fast alle Personen in sich tragen, in ihrer Wirkung zu unterdrücken.
6. Kinderhaut ist deutlich dünner als die Haut von Erwachsenen. Die UV-Strahlung erreicht schneller tiefere Hautschichten und löst früher die Ausschüttung von Prostaglandinen aus

UV-Strahlung

Hinweis: Das Bundesamt für Strahlenschutz (BfS) und das Umweltbundesamt (UBA) haben ein UV-Messnetz aufgebaut, welches seit 1993 die UV-Strahlung in Erdbodennähe misst. Dieses Messnetz besteht aus vier Messstationen in Zingst (Ostseeküste), Offenbach/Langen (Rheingraben bei Frankfurt), Schauinsland (Südschwarzwald) und Neuherberg (Stadtrand von München). Wichtige physikalische und geografische Zusammenhänge werden im Internet unter www.bfs.de erläutert, die erfassten Daten unter gesundheitlichen Aspekten bewertet und in übersichtlicher Form dargestellt.

1. Die Stärke der UV-Strahlung ist abhängig vom Sonnenstand und damit von der Jahreszeit und der geografischen Breite. Je stärker man sich dem Äquator nähert, desto höher wird die Belastung. Die Ozonsituation in der Atmosphäre, Bewölkung und Höhenlage beeinflussen ebenfalls den UVI.
2. UV-B-Strahlung dringt bis zur Keimschicht zwischen Ober- und Lederhaut ein. Eine geringe Dosierung führt zu einer erhöhten Aktivität von Epithelzellen, Melanocyten und Keratinocyten, eine zu hohe Dosierung zur Zerstörung der Zellen und damit zu einer eingeschränkten Pigmentbildung und Regeneration der Hautschicht. UV-A-Strahlung dringt bis zur Lederhaut ein und führt zu einer erhöhten Belastung der elastischen und kollagenen Fasern. Dies bewirkt eine beschleunigte Hautalterung (siehe auch Seite 24, Aufgabe 3).
3. UV-A-Strahlung kann bis zur Netzhaut, UV-B-Strahlung bis zur Hornhaut und Linse vordringen. Diese erhöhte Belastung des Auges durch UV-Strahlung bewirkt eine strukturelle und funktionelle Beeinträchtigung der betroffenen Zellen.
4. Fotochemisch aktive Substanzen können fotoallergische Reaktionen auslösen. Unter dem Einfluss der UV-Strahlung verändert sich die Struktur einer chemischen Substanz. Der Organismus beginnt mit der Bildung von Antikörpern, die allergische Reaktionen hervorrufen können. Zu den fotoallergischen Reaktionen gehören dauerhafte Veränderungen der Hautpigmentierung und Ekzembildung. Sulfonamide, Barbiturate, Chinin, Mefloquin (siehe Seite 43, „Der Beitrag der Tourismusindustrie“), Moschus und ätherische Öle gelten als fotoallergische Substanzen. Beim Sonnenbaden sollte auf Kosmetika und Deos verzichtet werden, da diese fotoallergische Stoffe enthalten. Bei Medikamenten sollte der Arzt gefragt werden.
5. Die Ozonschicht absorbiert beziehungsweise reflektiert einen Teil der biologisch gefährlichen UV-Strahlung. Strahlung mit einer Wellenlänge unter 290 Nanometern wird fast vollständig reflektiert. Eine Abnahme der Ozonwerte um ein Prozent wird zu einer Erhöhung der UV-Strahlung um zwei Prozent und zu einer Zunahme der Hautkrebsrate um sechs Prozent führen (Schätzwerte).

Schwarzer Hautkrebs

1. Mit zunehmendem Alter steigt das Hautkrebsrisiko. In Deutschland liegt die Erkrankungsrate im Vergleich zu anderen europäischen Ländern im mittleren Bereich. Die höchste Erkrankungsrate gibt es in Schweden und Dänemark. Die Pigmentierung der Bevölkerung (der in einer Bevölkerung typische Hauttyp) ist offensichtlich wichtiger als Sonnenscheindauer und Strahlungsintensität.
2. Die Häufigkeit der Erkrankung am Schwarzen Hautkrebs hat in den letzten 30 Jahren in Deutschland deutlich zugenommen. Die Anzahl der Erkrankungen hat sich verdrei- bis vervierfacht. Dies wird auf ein verändertes Freizeit- und Urlaubsverhalten und ein wenig entwickeltes Problembewusstsein in den 60er und 70er Jahren zurückgeführt. Die Zahl der Todesfälle, die auf diese Krebsform zurückgeht, ist in dem genannten Zeitraum annähernd gleich geblieben. Die erhöhte Aufklärung der Bevölkerung und eine Sensibilisierung der Ärzte haben dazu geführt, dass der Schwarze Hautkrebs in einem prognostisch günstigeren Stadium diagnostiziert wird.
3. In der Altersgruppe über sechzig Jahre sind deutlich mehr Männer als Frauen von der Krankheit betroffen. Dieser Unterschied wird vermutlich dadurch hervorgerufen, dass viele Männer, beruflich bedingt, länger und häufiger der Sonne ausgesetzt waren als Frauen.
4. Basalkarzinome, die häufigsten bösartigen lokalen Tumore der Haut, entstehen aus entarteten Zellen der Keimschicht der Oberhaut. Sie bilden keine Metastasen. Stachelzellkarzinome entstehen aus entarteten Zellen der Stachelzellschicht. Metastasenbildung ist möglich. Basalkarzinome treten in der Regel erst nach dem vierzigsten, Stachelzellkarzinome erst nach dem sechzigsten Lebensjahr auf. Bei beiden Krebsformen sind hellhäutige Personen besonders gefährdet. Die betroffenen Hautpartien werden in der Regel operativ entfernt.

Strahleninduzierte Mutationen

1. Mithilfe der Strahlungsenergie werden zwischen benachbarten Thyminbasen Kohlenstoff-Kohlenstoff-Bindungen gebildet, so genannte Dimere. Die Dimerbildung führt zu einer veränderten Lage der beiden Thyminbasen in der Doppelhelix. Diese veränderte Lage wird von zelleigenen Reparatursystemen erkannt und beseitigt.
2. Die Dimerbildung führt zu einer Unterbrechung der Replikation. Das zelleigene Reparatursystem erkennt den Fehler, beseitigt Adenin, startet die Replikation erneut, Adenin wird eingefügt, der Fehler erkannt, Adenin beseitigt und die Replikation erneut gestartet. Die Folge ist, dass die Polymerase das Dimer nicht passieren kann und eine erfolgreiche Replikation unterbleibt.
3. Die Endonuclease öffnet die DNA am 5'-Ende des Dimers. Nach Entfernung einiger Nucleotide durch die Exonuclease wird die DNA durch die DNA-Polymerase I ergänzt und der reparierte Abschnitt durch die Ligase verbunden.
4. Das Versagen der UV-Reparatursysteme, vor allem der NER, führt zu einer Häufung UV-strahlungsbedingter Mutationen, die das Hautkrebsrisiko erhöhen.

Chinaschilf

Der BRUNDTLANDT-Bericht, benannt nach der Kommissionspräsidentin der Weltkommission für Umwelt und Entwicklung Dr. Gro Harlem BRUNDTLANDT, prägte 1986 den Begriff der „nachhaltigen Entwicklung". Darunter ist eine Entwicklung zu verstehen, „die den Erfordernissen der Gegenwart angemessen gerecht wird, ohne die Möglichkeit künftiger Generationen zu beschränken, ihren Bedürfnissen nachzukommen".

Um die Abhängigkeit von fossilen Rohstoffen und die Anreicherung des Kohlenstoffdioxids in der Atmosphäre zu reduzieren, wird weltweit nach umweltverträglichen Energiequellen sowie nach neuen Wegen zum Senken des Energieverbrauchs gesucht. Chinaschilf, eine C_4-Pflanze, könnte als nachwachsender Rohstoff auf landwirtschaftlichen Stilllegungsflächen eine geeignete Alternative sein. Schon vor 15 Jahren hat der Münchner „Gras-Papst", Dr. Wolfgang STAENDER, vorgeschlagen, aus Chinaschilf Energie, Baustoffe und Verpackungsmaterial zu gewinnen.

M1 Chinaschilf

Chinaschilf

Chinaschilf ist ursprünglich in Südostasien im subtropischen bis subarktischen Klima beheimatet. Über Dänemark wurde es nach Mitteleuropa eingeführt. Während das Schilf in seiner Heimat als Futterpflanze dient oder als Rohstoff für Matten, Flechtwerk sowie als Sicht- und Windschutz verwendet wird, wurde diese Pflanze in Europa zunächst als Zierpflanze bekannt. Ende der 70er Jahre fand sie wegen ihres hohen Ertrages an Trockenmasse als Biomasse- und Faserlieferant immer mehr Interesse.
In Deutschland wird aufgrund ihres hohen Lignin- und Celluloseanteils die besonders wüchsige Variante des Chinaschilfs, *Miscanthus x giganteus,* zur Energieproduktion und Fasergewinnung angebaut. Die Sprossachsen von *Miscanthus* können zur Herstellung von Ethanol, Brennstoffen oder Baumaterialien geerntet werden.

Chinaschilf gehört zu den Süßgräsern und ist mit dem Zuckerrohr verwandt. Der Landschilf ist eine ausdauernde, wüchsige Pflanze. Einige Formen können unter guten Bedingungen vier bis fünf Meter hoch wachsen. Die Halme sind standfest und werden etwa zwei Zentimeter dick. Die Lebensdauer beträgt 20 Jahre und mehr. Die Blätter sind zweizeilig angeordnet, ihre Blattscheide ist stängelumfassend und die Blattspreite zwei bis drei Zentimeter breit. Die Blüten bestehen aus zweiblütigen Ährchen und bilden endständige Rispen, die aufgrund langer Haare an der Ährchenbasis ein silbriges Aussehen erhalten. Als unterirdisches Speicher- und Überwinterungsorgan bilden die Pflanzen ein horizontal wachsendes Rhizom. Rhizome sind unterirdische Sprosse, die bei den meisten Chinaschilfarten kurze starke Äste bilden. Rhizome wachsen an allen Spitzen und bilden nur Nebenwurzeln aus. Die Nebenwurzeln können je nach Beschaffenheit des Bodens 2,5 Meter tief vordringen. Im Winter stirbt der oberirdische Teil der Pflanze ab und treibt im Frühjahr aus den Rhizomen erneut aus.

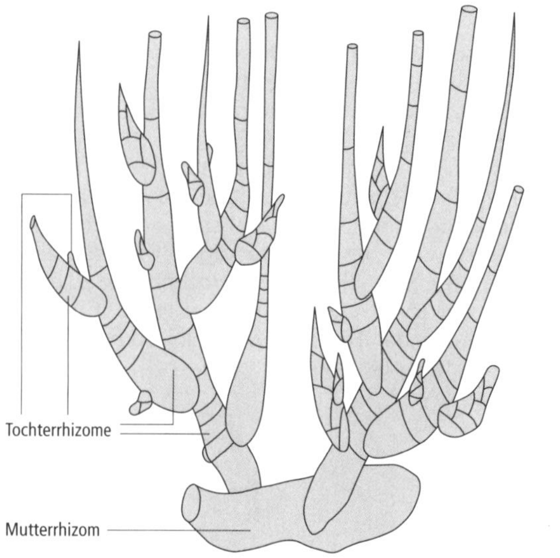

Rhizom vom Chinaschilf (Schema)

© 2005 Schroedel, Braunschweig

M2 Untersuchung des Blattquerschnittes einer C_4-Pflanze

Material: Mikroskop und Zubehör; Rasierklinge; Maispflanze oder Chinaschilf
Durchführung: Fertigen Sie von dem Laubblatt der Maispflanze oder des Chinaschilfs einen Querschnitt an und mikroskopieren Sie ihn!

M3 Untersuchung des Öffnungszustandes der Spaltöffnungen von C_4- und C_3-Pflanzen

Material: farbloser Nagellack; Pinzette; Mikroskop und Zubehör; Petrischale; junge Maispflanze; Christrose oder eine andere C_3-Pflanze; Stift
Durchführung: Stellen Sie die jungen Maispflanzen und Christrosen unter Versuchsbedingungen auf, die das Öffnen (Versuchsbedingung 1) beziehungsweise das Schließen (Versuchsbedingung 2) der Spaltöffnungen beeinflussen könnten!
Untersuchen Sie den Öffnungszustand der Spaltöffnungen mit der Abdruckmethode! Bestreichen Sie dazu jeweils die Unterseite eines Blattes der Maispflanze und der Christrose sowohl unter Versuchsbedingung 1 als auch Versuchsbedingung 2! Lassen Sie den Nagellack trocknen, ziehen Sie die trockenen Lackhäutchen ab und stellen Sie mikroskopische Präparate her! Notieren Sie Bedingungen und Pflanzen auf dem Objektträger! Mikroskopieren Sie das Präparat!

M4 Untersuchung des Rhizoms einer Schilfpflanze

A Wasserspeicherfunktion
Material: Rhizom einer Schilfpflanze; Waage; Becherglas; Wasser
Durchführung: Wiegen Sie das Rhizom, trocknen Sie es anschließend, bis das Wasser vollständig aus dem Rhizom verdunstet ist und wiegen Sie es erneut! Legen Sie nun das Rhizom 15 Minuten lang in ein Becherglas mit Wasser und wiegen Sie es dann noch einmal!

B Aufbau
Material: Stereolupe; Messer; Schilfrhizom
Durchführung: Betrachten Sie mit der Lupe das Rhizom! Schneiden Sie nun mit dem Messer das Rhizom der Länge nach durch und betrachten Sie die eine Hälfte mit der Stereolupe! Drücken Sie dabei auch mit der flachen Seite des Messers auf das Präparat!

C Stärkenachweis

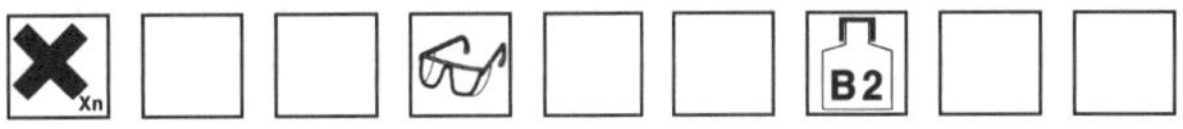

Material: Pipette; Pinzette; Mikroskop und Zubehör; LUGOLsche Lösung (X_n); Präparat aus Untersuchung B
Durchführung: Geben Sie mithilfe der Pipette etwas von der LUGOLschen Lösung auf das Rhizom und beobachten Sie das Präparat! Notieren Sie Ihre Beobachtungen!
Zupfen Sie von dem mit LUGOLscher Lösung behandelten Präparat etwas Gewebe ab und mikroskopieren Sie es!

1. Erstellen Sie einen Steckbrief des Chinaschilfs!
2. Vergleichen Sie den Aufbau eines Mais- oder Chinaschilfblattes (C_4-Pflanze) mit dem einer C_3-Pflanze! Arbeiten Sie die Unterschiede heraus!
3. Suchen Sie im Lackhäutchen nach quergeschnittenen Spaltöffnungen und zeichnen Sie sie!
4. Ermitteln Sie jeweils von zehn nebeneinander liegenden Spaltöffnungen den Öffnungszustand, sammeln Sie die Ergebnisse Ihrer Mitschüler und errechnen Sie die Durchschnittswerte!
5. Warum ist es wichtig, die Ergebnisse Ihrer Mitschüler in die Überlegungen mit einzubeziehen?
6. Führen Sie die Untersuchung durch (M4) und notieren Sie Ihre Beobachtungen beziehungsweise Ergebnisse!
7. Erläutern Sie die Funktion des Rhizoms!
8. Entwickeln Sie auf der Grundlage aller Ergebnisse eine Hypothese, weshalb *Miscanthus* sich erfolgreich bei der Eroberung neuer Lebensräume durchsetzen kann!

© 2005 Schroedel, Braunschweig

Biomasseproduktion mit Chinaschilf

Um den Verbrauch fossiler Brennstoffe zu verringern und die Kohlenstoffdioxidanreicherung in der Atmosphäre zu reduzieren, ist Biomasse aus landwirtschaftlichen Produkten als nachwachsender Rohstoff eine ernstzunehmende Alternative. Mit Chinaschilf zum Beispiel können große Mengen an Biomasse erzeugt werden.
Die Vegetationsperiode des Chinaschilfs ist relativ lang, sie dauert von April bis Oktober. Im Herbst verlagert das Chinaschilf Stickstoff-, Phosphor-, Kalium- und Magnesiumverbindungen vom Spross ins Rhizom. Etwa 30 Prozent der Blätter fallen im Winter ab und bilden eine Mulchschicht, die in den folgenden Jahren abgebaut wird. Von Februar bis April werden die Sprossachsen geerntet. Sie weisen zu diesem Zeitpunkt geringe Wasser- und Nährstoffgehalte auf.

M2 Stickstoff (N)- und Kalium (K)-Gehalt von *Miscanthus* im Jahresverlauf

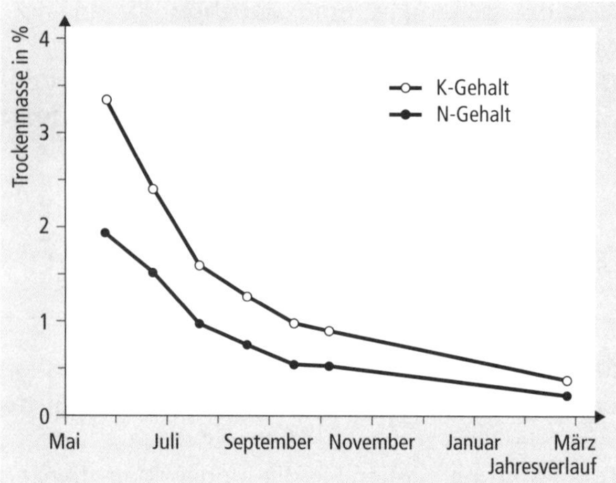

M1 Probleme der Einnischung

Rhizome sind die Überwinterungsorgane des Schilfs. Sie können bei sehr starkem Frost beschädigt werden. Im ersten Jahr ist die Gefahr besonders groß. Versuche in Klimakammern zeigten, dass einjährige Pflanzen zwar Temperaturen von −6 °C über zwölf Stunden, zweijährige sogar von −8 °C überlebten. Im schlimmsten Fall kann extreme Kälte aber zum vollständigen Absterben einer Kultur führen.
Eine starke Vermehrung der Wildkräuter hemmt die Entwicklung des Landschilfs in den ersten Anbaujahren und kann das Überwinterungsrisiko indirekt erhöhen. Dies macht eine Bekämpfung der Wildkräuter im ersten Jahr notwendig.
Schädlinge sind unbekannt, sodass auf den Einsatz von Insektiziden verzichtet werden kann.

M3 Biomasseproduktion

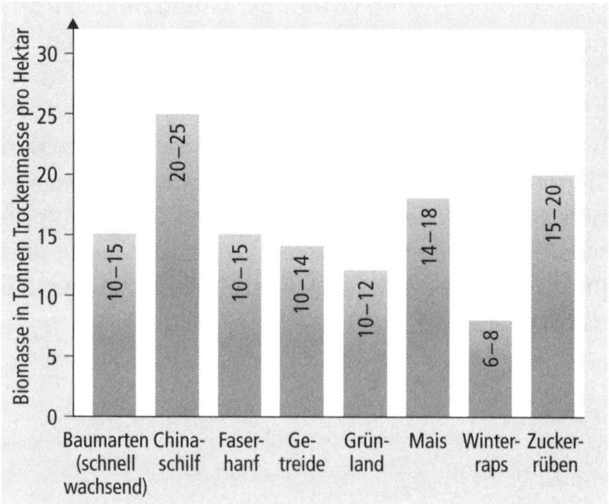

1. Der Anbau von Chinaschilf als nachwachsender Rohstoff gewinnt zunehmend an Bedeutung. Dabei ist der Standort des Anbaugebietes ein wesentlicher Faktor. Erläutern Sie, welche Standortfaktoren den Anbau des Chinaschilfs begünstigen!
2. Begründen Sie, warum die Sprossachsen des Chinaschilfs erst im Februar geerntet werden!
3. Erarbeiten Sie anhand der Materialien begründete Argumente, die für den Anbau von Chinaschilf als nachwachsender Rohstoff sprechen!
4. Informieren Sie sich in diesem Zusammenhang in Ihrem Schulbuch über die r- und K-Strategie bei Pflanzen! Begründen Sie, warum ein starkes Aufkommen von Wildkräutern die Entwicklung von *Miscanthus* hemmt!

© 2005 Schroedel, Braunschweig

Energiepflanzen

M1 Globaler Kreislauf des Kohlenstoffs

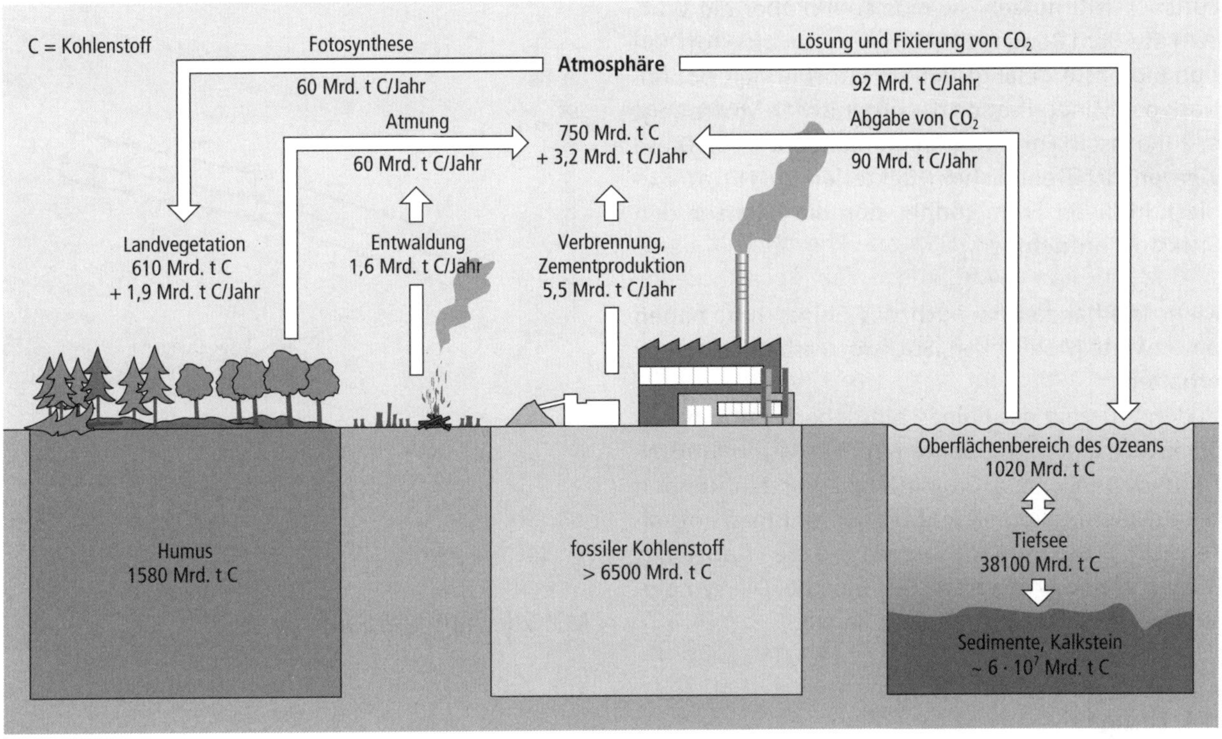

M2 Vergleich unterschiedlicher Energiepflanzen

Pflanzenart bzw. Pflanzenteile	Trockenmasse (TM) [Erträge in t/ha]	Energiegehalt [MJ/kg TM]
Getreidekörner	4–7	14,5
Stroh	8–12	14,4
Heu	4–6	14,4
schnell wachsende Baumarten	10–15	13,8
Chinaschilf	20–25	14,5

M3 Glossar

Senken
Speicher im Kohlenstoffkreislauf

Quellen
in Kalkstein, Erdgas oder Erdöl gespeicherter Kohlenstoff

1. Kennzeichnen Sie in Abbildung M1 die Senken rot und die Quellen blau!
2. Eine Messung des Kohlenstoffdioxidgehaltes in der Atmosphäre ergab, dass im Schwarzwald der Kohlenstoffdioxidgehalt von 1980 bis 2000 linear von 324 ppm auf 360 ppm (engl. *parts per million)* angestiegen ist. Um wie viel Prozent nahm der Kohlenstoffdioxidgehalt jährlich zu und wie erklären Sie dieses Phänomen?
3. Chinaschilf kann bis zu 6,5 Prozent der Strahlungsenergie über die Fotosynthese binden, C_3-Pflanzen binden dagegen nur 0,1 Prozent. Informieren Sie sich in Ihrem Schulbuch über die Fotosynthese bei C_4-Pflanzen und vergleichen Sie diese mit der bei C_3-Pflanzen! Begründen Sie, warum C_4-Pflanzen über 60-mal mehr Energie binden können als C_3-Pflanzen!
4. Erläutern Sie Vor- und Nachteile bei der Verwendung von Chinaschilf als Energielieferant!
5. Nehmen Sie Stellung zu der Tatsache, dass Getreide als Ölersatz verbrannt und in diesem Zusammenhang als Energiegetreide bezeichnet wird!

© 2005 Schroedel, Braunschweig

Stickstoff

Stickstoff ist der wichtigste mineralische Stoff der Pflanzen. Pflanzen können grundsätzlich nicht den Luftstickstoff nutzen, sie müssen ihn über die Wurzeln aus dem Boden aufnehmen. Über stickstoffhaltige Biomasse gelangt der Stickstoff in den Boden. Nach der Mineralisation der organischen Stoffe liegt er zunächst in Form von Ammoniumionen vor. Diese werden größtenteils von Bakterien zu Nitrat oxidiert. In dieser Form können nun die Pflanzen den Stickstoff aufnehmen.

Manche Pflanzen, so auch das Chinaschilf, haben eine zweite Möglichkeit, Stickstoffverbindungen zu erhalten.
In den Wurzeln des Chinaschilfs leben symbiontisch Stickstoff fixierende Bakterien *(Herbaspirillum frisingense)*. In einem Gramm Frischwurzeln können bis zu einer Million dieser Mikroorganismen enthalten sein. Diese Bakterien versorgen die Pflanze mit Stickstoff und erhalten von ihr Glucose. Die Symbiose fördert das Wachstum der Pflanze.

M1 Lachgas

Bisher wurde vor allem Kohlenstoffdioxid für den Treibhauseffekt verantwortlich gemacht. Inzwischen weiß man, dass auch Lachgas (N_2O) immerhin zu fünf Prozent mitbeteiligt ist. Ein Molekül Lachgas absorbiert 200-mal soviel Infrarotstrahlung wie ein Kohlenstoffdioxidmolekül und hat eine Verweildauer in der Atmosphäre von 100 Jahren. Lachgas ist ein Zwischenprodukt beim Abbau von Stickstoffverbindungen durch Bodenbakterien. Es entsteht vor allem nach der Aufbringung von Kunstdünger und Gülle. Aufgrund der jährlichen Lachgaszunahme von 3,8 Millionen Tonnen wird dieser Anteil noch steigen.

M2 Anbauversuche mit *Miscanthus* in der Schweiz

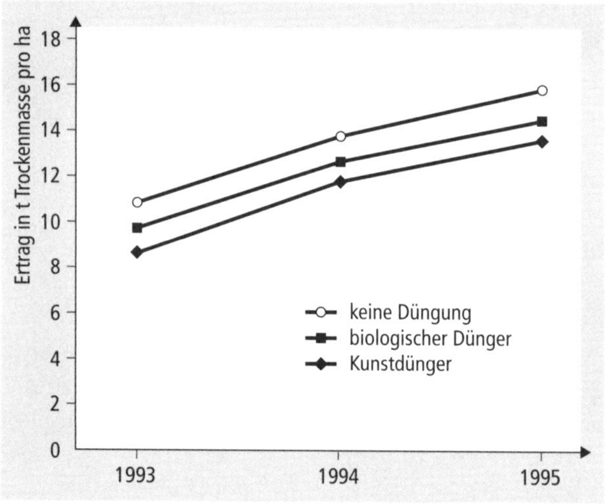

M3 Stickstoffkreislauf

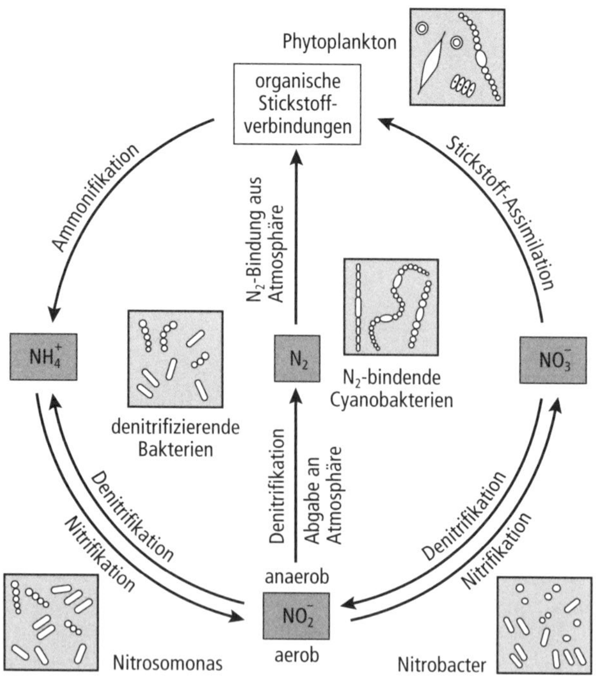

1. Stickstoff ist für Pflanzen lebensnotwendig. Erläutern Sie begründet, wofür Pflanzen Stickstoff benötigen!
2. Kennzeichnen Sie farblich die Vorgänge innerhalb des Stickstoffkreislaufs, an denen einerseits *Miscanthus* und andererseits Gülle beteiligt sind!
3. In der Schweiz wurden umfangreiche Düngeversuche mit Stickstoff durchgeführt. Beschreiben Sie die Versuchsergebnisse von M2 und entwickeln Sie eine Hypothese hierzu!
4. Entwickeln Sie Kriterien, mit deren Hilfe Sie überprüfen können, ob der Anbau von *Miscanthus* als ökologisch sinnvoll bewertet werden kann! Ziehen Sie dazu auch Seite 33 „Energiepflanzen" hinzu!

© 2005 Schroedel, Braunschweig

Züchtung von *Miscanthus x giganteus*

Eine Voraussetzung für die Gewinnung großer Mengen an Biomasse aus *Miscanthus*-Varianten ist die Züchtung einer massenwüchsigen, winterharten Sorte, die auch in unserem Klima gedeihen kann.

M1 Hybridzucht

Mithilfe eines speziellen Zuchtverfahrens, der *Hybridzucht,* entstehen in asiatischen Ländern immer wieder neue Varianten von Pflanzen. Bei der Hybridzucht werden ausgesuchte Pflanzen verschiedener Varianten über sieben Generationen selbstbefruchtet. Aus dieser Inzucht entstehen reinerbige Zuchtstämme. Werden diese miteinander gekreuzt, erhält man Nachkommen, die in einigen Merkmalen ihren Eltern überlegen sind. Das Phänomen wird Heterosiseffekt genannt und ist bis heute nicht vollständig geklärt.
Diese Überlegenheit zeigt sich noch deutlicher, wenn Einfachhybriden zu Doppelhybriden gekreuzt werden. Der Heterosiseffekt verliert sich aber in der nächsten Generation wieder.

M3 Reinerbige Pflanzen in erheblich kürzerer Zeit – Antherenkultur

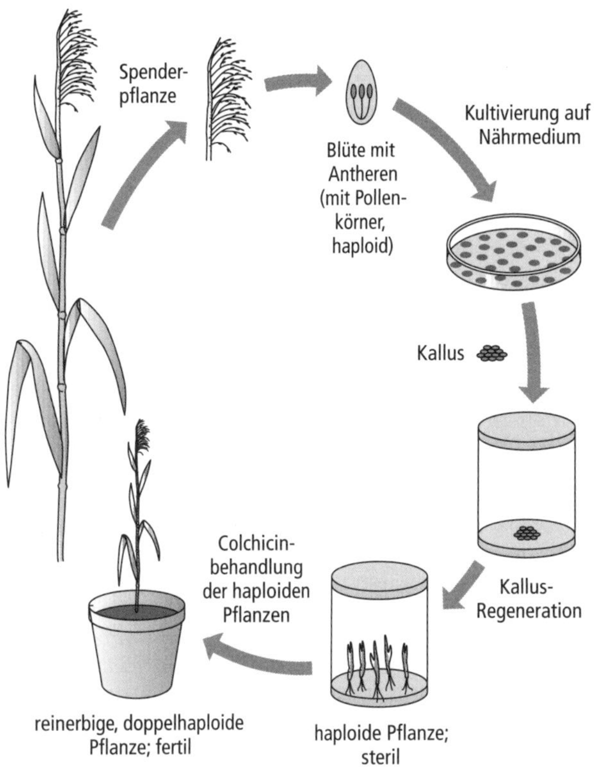

M2 Heterosisgeneration

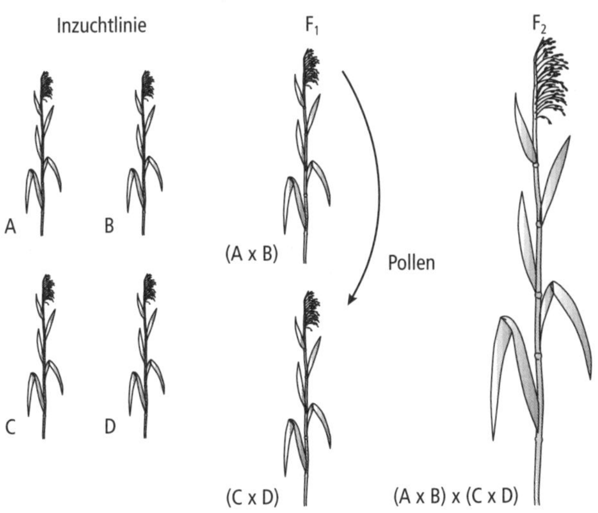

M4 Glossar

Kallus
Zellhaufen undifferenzierter Zellen

Embryoid
Keimling

Anthere
Staubbeutel

Colchicin
Gift der Herbstzeitlose, hemmt die Spindelbildung bei der Kernteilung

1. Entwerfen Sie Schemata für die Kreuzung der Inzuchtstämme AAbbcc und aaBBCC und der F_1-Generation untereinander! Vergleichen Sie die Ergebnisse der beiden Kreuzungen miteinander! Welche Generation entspricht der Heterosisgeneration? Erklären Sie mithilfe Ihres Vergleiches, warum sich der Heterosiseffekt in der nächsten Generation wieder verliert!
2. Erklären Sie die Kultivierung über die Antheren! Erläutern Sie in diesem Zusammenhang die Behandlung der haploiden Pflanzen mit Colchicin!
3. Erläutern Sie, warum man mithilfe der Antherenkultur die Züchtung reinerbiger, diploider Pflanzen erheblich beschleunigen kann!

© 2005 Schroedel, Braunschweig

Lösungen

Vorwissen: Aufbau der Blätter, Osmose, Bau der Spaltöffnungen, Umgang mit dem Mikroskop, Stärkenachweis, Fotosynthese, Proteine, MENDELsche Regeln, Zellteilung

Chinaschilf

1. Chinaschilf stammt aus Südostasien und ist eine mehrjährige, wüchsige C_4-Pflanze. Es gehört zu den Süßgräsern. Chinaschilf enthält viel Cellulose und Lignin. Die Sprossachse kann einen Durchmesser von bis zu zwei Zentimetern erreichen. Die Blätter sind zweizeilig, stängelumfassend angeordnet und die Blattspreiten zwei bis drei Zentimeter breit. Die Blüten bestehen aus zweiblütigen Ährchen und bilden endständige Rispen. Chinaschilf bildet unterirdische Sprosse aus, die Rhizome. Die daraus hervorgehenden Nebenwurzeln können 2,5 Meter tief in die Erde eindringen. Der oberirdische Teil stirbt im Winter ab.
2. Der Blattquerschnitt einer C_3-Pflanze zeigt in der Regel vier Schichten: als oberste und unterste Schicht die Epidermis, als Blattinnengewebe das Palisaden- und Schwammgewebe. Die Epidermis ist mit einer Cuticula überzogen. Das Schwammgewebe enthält viele Hohlräume, die über Stomata mit der Außenwelt in Verbindung stehen.
   Die C_4-Pflanzen unterscheiden sich anatomisch im Bau ihres Blattmesophylls von den C_3-Pflanzen. Bei den C_4-Pflanzen sind die Leitbündel von einem Kranz Bündelscheidenzellen umgeben, deren Chloroplasten nur wenige Granathylakoide aufweisen. Um die Bündelscheiden liegen Mesophyllzellen, die Chloroplasten mit gut entwickelten Granathylakoiden enthalten.
3. –
4. –
5. Um zu einem aussagekräftigen Ergebnis zu kommen, reichen die eigenen Werte nicht aus. Je mehr Ergebnisse vorliegen, desto genauer ist die Auswertung. Eine einmalige Untersuchung kann Zufall sein, bei statistischen Auswertungen kommt es auf eine relativ hohe Anzahl von Ergebnissen an.
6. **A** Das Trockengewicht beträgt etwa 0,5 Gramm, nach dem Wässern etwa 6,5 Gramm.
   B Das Rhizom ist sehr faserreich. Beim Drücken auf das Präparat tritt viel Wasser aus.
   C Die LUGOLsche Lösung wird von dem Rhizom schnell aufgenommen und färbt vor allem die Mittelachse blau. Das Rhizom enthält viel Stärke. Die Stärke befindet sich in den Zellen in Stärkekörnern.
7. Das Rhizom ist ein unterirdisches Speicher- und Überwinterungsorgan. Der oberirdische Teil der Pflanze stirbt im Winter ab und treibt im Frühjahr wieder aus. Dadurch schützt sich die Pflanze vor Frost.
8. *Miscanthus* ist eine ausdauernde, wüchsige Pflanze. Durch den hohen Lignin- und Celluloseanteil ist sie sehr standfest. Trotz hoher Sonneneinstrahlung und hohem Transpirationsdruck kann *Miscanthus* bei geschlossenen Spaltöffnungen Fotosynthese betreiben. Außerdem speichert die Pflanze viel Wasser im Rhizom. Im Herbst verlagert *Miscanthus* die Nährstoffe zurück in das Rhizom, sodass die Pflanze im Frühjahr sehr schnell austreiben kann.

Biomasseproduktion mit Chinaschilf

1. Temperaturen im Winter über −8 °C und geringer Bewuchs durch Wildkräuter begünstigen den Anbau von Chinaschilf. Trotz der starken Wüchsigkeit der Pflanze sind keine hohen Nährstofflieferungen aus dem Boden notwendig.
2. Werden die Sprossachsen im Februar geerntet, werden den Pflanzen kaum Nährstoffe entzogen. Im Herbst findet eine Umlagerung der Nährstoffe von dem oberirdischen Aufwuchs in die Rhizome des Chinaschilfs statt. Zudem sind niedrige Wassergehalte erst zu diesem Zeitpunkt vorhanden, die für die Verwertung notwendig sind.
3. Chinaschilf erzeugt wesentlich mehr Biomasse als einheimische Pflanzen. So ergeben sich pro Hektar bei Getreide 10 bis 14 Tonnen Biomasse, schnell wachsenden Hölzern 10 bis 15 Tonnen, Mais 14 bis 18 Tonnen und Chinaschilf 20 bis 25 Tonnen. Außerdem kann auf Insektizide verzichtet werden.
4. Die r-Strategie ist durch eine hohe Vermehrungsrate gekennzeichnet. Sie tritt besonders dann auf, wenn Arten einen Lebensraum mit variablen Umweltbedingungen neu besiedeln. Bei der K-Strategie ist die Vermehrungsrate abhängig von der Populationsdichte. Sie tritt auf, wenn die Umweltbedingungen konstant sind und eine hohe Populationsdichte keine Vorteile bringt. Wildkräuter sind an ihrem natürlichen Standort starken Temperaturschwankungen unterworfen. Eine hohe Vermehrungsrate (r-Strategie) ist hier von Vorteil. Chinaschilf ist in Regionen mit relativ konstanten Temperaturen beheimatet. Eine hohe Populationsdichte bringt keine Vorteile (K-Strategie). Die sich schnell vermehrenden Wildkräuter verdrängen demzufolge die sich langsam vermehrenden Schilfpflanzen.

Energiepflanzen

1. Erdöl und Sedimente beziehungsweise Kalkstein sind Quellen und werden blau gekennzeichnet, alle anderen Bereiche müssen als Senken rot gekennzeichnet werden.
2. Der Kohlenstoffdioxidgehalt hat jährlich aufgrund der Verbrennung fossiler Brennstoffe um 0,5 Prozent zugenommen.
3. C_4-Pflanzen binden Kohlenstoffdioxid mithilfe des Enzyms PEP-Carboxylase zunächst an einen Akzeptor mit drei Kohlenstoffatomen, das **P**hospho**e**nol**p**yruvat (PEP). Daraus entsteht über Oxalacetat schließlich Malat. Dieses wird aus den Chloroplasten der Mesophyllzellen in die Bündelscheidenzellen transportiert, in Akzeptor und Kohlenstoffdioxid zerlegt und das freigesetzte Kohlenstoffdioxid im CALVIN-Zyklus weiter verarbeitet. Bei C_3-Pflanzen erfolgt die Kohlenstoffdioxidbindung durch das Enzym Rubisco an den Rezeptor Ribulose-1,5-bisphosphat. PEP-Carboxylase hat eine hohe Affinität für HCO_3^- und kann daher CO_2 effizienter fixieren als Rubisco. Sie nutzt – im Gegensatz zu Rubisco – nicht O_2 als alternatives Substrat, sodass CO_2 und O_2 nicht miteinander konkurrieren. Das in Malat gebundene CO_2 wird in den Leitbündelscheidenzellen

in so hoher Konzentration freigesetzt, dass Rubisco fast mit Maximalgeschwindigkeit wirken kann. Schließlich ist in den Leitbündelscheidenzellen die O_2-Konzentration so gering, dass die Oxygenase-Tätigkeit der Rubisco minmal ist.

4. Chinaschilf hat mit 25 Tonnen Trockenmasse einen vergleichsweise hohen Ertrag pro Hektar. Stroh ergibt nur einen Ertrag von 8 bis 12 Tonnen pro Hektar und schnell wachsende Bäume 10 bis 15 Tonnen. Der Energiegehalt entspricht mit 14,5 MJ/kg dem Spitzenwert des Getreides. Gleichzeitig wird der Kohlenstoffdioxidausstoß in die Atmosphäre reduziert. Ein Nachteil ist, dass Chinaschilf im ersten Jahr mit hohem Aufwand angebaut werden muss und noch keine Erträge bringt.
5. Die Schülerinnen und Schüler sollen sich kritisch mit der Umetikettierung auseinandersetzen.

Stickstoff

1. Stickstoff ist ein wichtiger Bestandteil der aus Aminosäuren aufgebauten Proteine. Diese Eiweißstoffe spielen zum Beispiel bei Stoffwechselvorgängen als Enzyme eine wichtige Rolle. Andere dienen als Baustoffe oder, wie Hormone, als Boten- oder Wirkstoffe.
2. Beteiligung von *Miscanthus:* Der Stickstoff (N_2) aus der Atmosphäre wird durch Bakterien, die sich an den Wurzeln des Schilfes befinden, gebunden und dem Schilf zugeführt. *Miscanthus* nutzt diesen Stickstoff zum Aufbau organischer Stickstoffverbindungen. Abgestorbene Pflanzenteile werden zersetzt, und aus den organischen Stickstoffverbindungen entsteht zunächst durch Ammonifikation Ammonium (NH_4). Die Bakteriengattung *Nitrosomonas* baut das Ammonium über die Nitrifikation zu Nitrit-Ionen ab. Andere Bakterien reduzieren wiederum das Nitrit zu Stickstoff, der an die Atmosphäre abgegeben wird.
   Auswirkung der Gülle: Die organischen Stickstoffverbindungen aus der Gülle müssen erst durch Bakterien über Ammonium und Nitrit-Ionen zu Stickstoff abgebaut werden.
3. In der Schweiz wurde von 1993 bis 1995 *Miscanthus* auf verschiedenen Feldern angebaut und mit biologischem Dünger, Kunstdünger oder gar nicht gedüngt. Anschließend wurden die Erträge verglichen.
   Ohne Stickstoffdüngung waren die Erträge deutlich höher. Die geringsten Erträge wurden mit Kunstdünger erzielt. Offensichtlich kann der Stickstoff aus den abgefallenen Blättern der Pflanze besser genutzt werden. Möglicherweise erfolgt über die Gülle und dem mineralischen Stickstoff eine Überdüngung, die den Pflanzen eher schadet als nutzt.
4. Folgende Kriterien sind denkbar:
   - Ernteerträge
   - CO_2-Bindevermögen
   - Insektizideinsatz
   - Bindevermögen für Luftstickstoff
   - Düngungsbedarf
   - Energiegehalt

Züchtung von *Miscanthus x giganteus*

1. F_1

	Abc	**Abc**
aBC	AaBbCc	AaBbCc
aBC	AaBbCc	AaBbCc

F_2

	ABC	**ABc**	**AbC**	**Abc**	**aBC**	**aBc**	**abC**	**abc**
ABC	ABC ABC	ABc ABC	AbC ABC	Abc ABC	aBC ABC	aBc ABC	abC ABC	abc ABC
ABc	ABC ABc	ABc ABc	AbC ABc	Abc ABc	aBC ABc	aBc ABc	abC ABc	abc ABc
AbC	ABC AbC	ABc AbC	AbC AbC	Abc AbC	aBC AbC	aBc AbC	abC AbC	abc AbC
Abc	ABC Abc	ABc Abc	AbC Abc	Abc Abc	aBC Abc	aBc Abc	abC Abc	abc Abc
aBC	ABC aBC	ABc aBC	AbC aBC	Abc aBC	aBC aBC	aBc aBC	abC aBC	abc aBC
aBc	ABC aBc	ABc aBc	AbC aBc	Abc aBc	aBC aBc	aBc aBc	abC aBc	abc aBc
abC	ABC abC	ABc abC	AbC abC	Abc abC	aBC abC	aBc abC	abC abC	abc abC
abc	ABC abc	ABc abc	AbC abc	Abc abc	aBC abc	aBc abc	abC abc	abc abc

   Die Heterosisgeneration ist die uniform mischerbige F_1-Generation. In der F_2-Generation verliert sich der Heterosiseffekt, da die Allele neu kombiniert werden.
2. Bei der Antherenkultur werden die Staubgefäße auf Nährböden kultiviert. Aus den Pollen entwickeln sich haploide Zellhaufen (Kalli), aus denen sich haploide Pflänzchen entwickeln. Die Antherenkulturen ermöglichen eine schnellere Züchtung reinerbiger Inzuchtstämme. Colchicin verhindert die Spindelbildung in der Metaphase der Zellteilung. Die Colchicinbehandlung bewirkt, dass die haploiden, sich teilenden Zellen diploid werden.
3. Durch die Züchtung mithilfe von Antherenkulturen fallen die bei Hybridzucht notwendigen sieben Inzuchtgenerationen weg. In einem einzigen Arbeitsgang erhält man bei Antherenkultur homozygote, diploide Pflanzen.

Kehrt die Seuche zurück?

1995 erkrankten zwei Mitarbeiter einer städtischen Kläranlage in Berlin an Malaria. Dieses Ereignis versetzte Gesundheitsamt und Gesundheitsministerium in höchste Alarmbereitschaft. Malariaerkrankungen nach Fernreisen treten häufiger auf, aber diese beiden Personen hatten keine Reisen unternommen und sie hatten auch keine Bluttransfusion bekommen. Wie hatten sie sich infiziert? Bis heute konnte der Übertragungsweg nicht restlos geklärt werden. Vermutlich hatte eine eingeschleppte, lokale, kurzlebige, infizierte *Anopheles*-Population die Krankheit übertragen. Die *Anopheles*-Mücke ist der Überträger des Malariaerregers *Plasmodium,* ein Sporentierchen.

Infektionen mit Malaria in Deutschland sind extrem selten, da wichtige Voraussetzungen fehlen. Es gibt keine ausreichende Anzahl übertragungsfähiger Mücken und infizierter Personen mehr, um den Überträger-Wirt-Kreislauf dauerhaft zu schließen. Vor dem Zweiten Weltkrieg spielte die Malaria in Deutschland eine Rolle und kam noch in den 50er Jahren in verschiedenen Regionen vor.

M2 Jährliche Erkrankungsfälle an Malaria in Deutschland

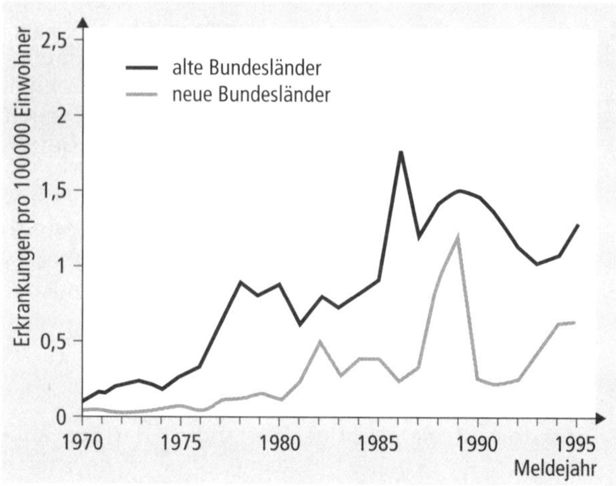

Malaria steht an erster Stelle aller nach Deutschland eingeschleppten Krankheitsfälle und nimmt den sechsten Platz ein bei den nach § 3 Bundesseuchengesetz meldepflichtigen Krankheiten.

M1 Malariaeinschleppungen in die Bundesrepublik Deutschland (1989)

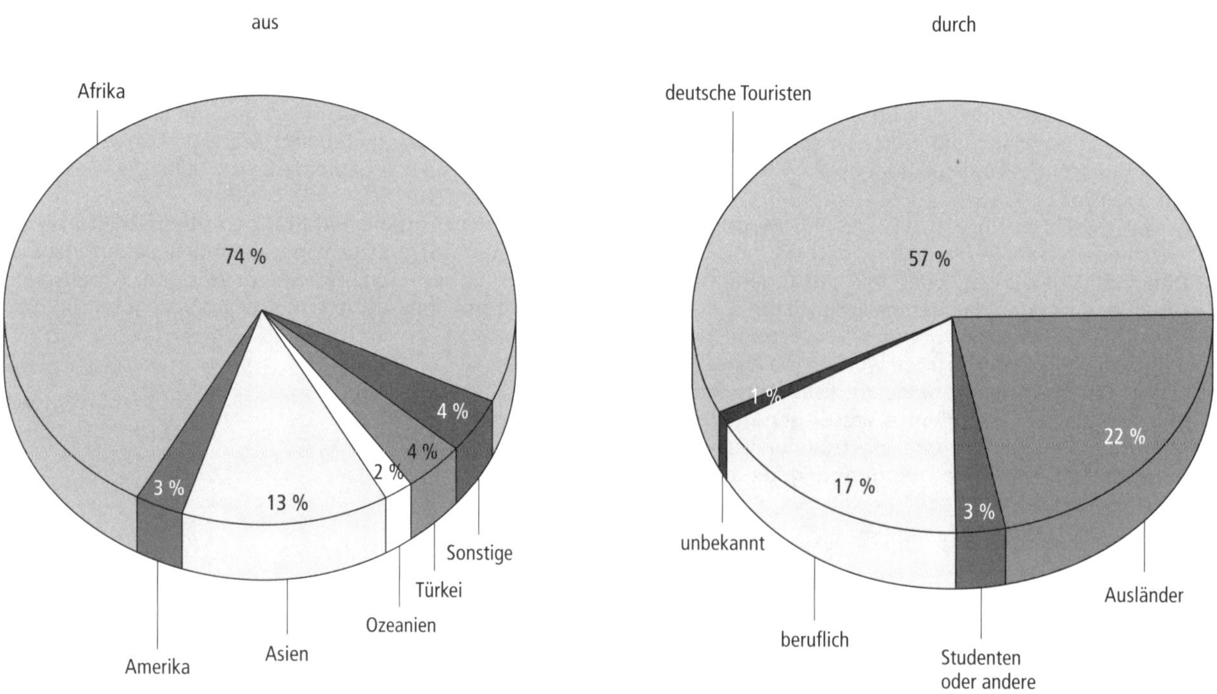

1. Wie hat sich die Zahl der Erkrankungen in dem in M2 angegebenen Zeitraum entwickelt?
2. Wo liegen die Hauptinfektionsgebiete (M1)?
3. Welche Personengruppen sind an der Einschleppung der Krankheit maßgeblich beteiligt (M1)?

© 2005 Schroedel, Braunschweig

Der Beitrag der Entomologie

M1 Mücken – Träger von Krankheitserregern

Der Malariaerreger *Plasmodium* wird von etwa 60 der 400 *Anopheles*-Arten übertragen. Diese 60 Arten werden in ihrer Funktion als Vektoren bezeichnet. Der Name *Anopheles* stammt aus dem Griechischen und bedeutet „unnütz, schädlich". *Anopheles* gehört mit den Gattungen *Culex* (Gemeine Hausmücke) und *Aedes* zur Familie der Stechmücken. Alle drei Stechmückengattungen können vor allem in den Tropen und Subtropen Überträger übler Krankheiten sein:

- *Anopheles:* Elephantiasis, Menschenmalaria;
- *Aedes:* Elephantiasis, Vogelmalaria, Denguefieber;
- *Culex:* Elephantiasis, Vogelmalaria.

Nur weibliche Mücken stechen, da bei ihnen die Eibildung von einer Blutmahlzeit abhängig ist. Ihre Hauptaktivitätszeit liegt zwischen Sonnenunter- und Sonnenaufgang. Bei der Suche nach einem Opfer lassen sie sich vom Schweißgeruch leiten, außerdem können sie kleinste Temperaturunterschiede wahrnehmen. In den Tropen und Subtropen werden die Menschen etwa 300-mal im Jahr von infizierten Mücken gestochen, in der Regenzeit schätzungsweise 30-mal in der Nacht. Für die Eiablage benötigen die Weibchen stehende beziehungsweise leicht fließende Gewässer, besondere Ansprüche an Größe und Sauberkeit des Wassers stellen sie nicht. Männliche Mücken sind harmlose „Gesellen". Sie neigen, anders als die Weibchen, zur Schwarmbildung und ernähren sich von Pflanzensäften.

Viele Menschen glauben, dass in Deutschland deshalb keine Malaria vorkommt (von den eingeschleppten Fällen abgesehen), weil sich die *Anopheles*-Mücke hier nicht halten kann. *Anopheles* braucht zur Entwicklung etwa vier Wochen lang Temperaturen um die 18 °C – Verhältnisse, die Deutschland, jedenfalls manchmal, auch bieten kann. Weibliche *Anopheles*-Mücken überwintern in unseren Breiten als begattete Tiere meist in Viehställen. Dabei stellen sie die Nahrungsaufnahme ein.

Nicht abschließend geklärt ist die Frage, ob und welche Temperaturansprüche die Plasmodien in den Mücken stellen.

M2 Entwicklung der Stechmückengattungen *Anopheles, Aedes* und *Culex*

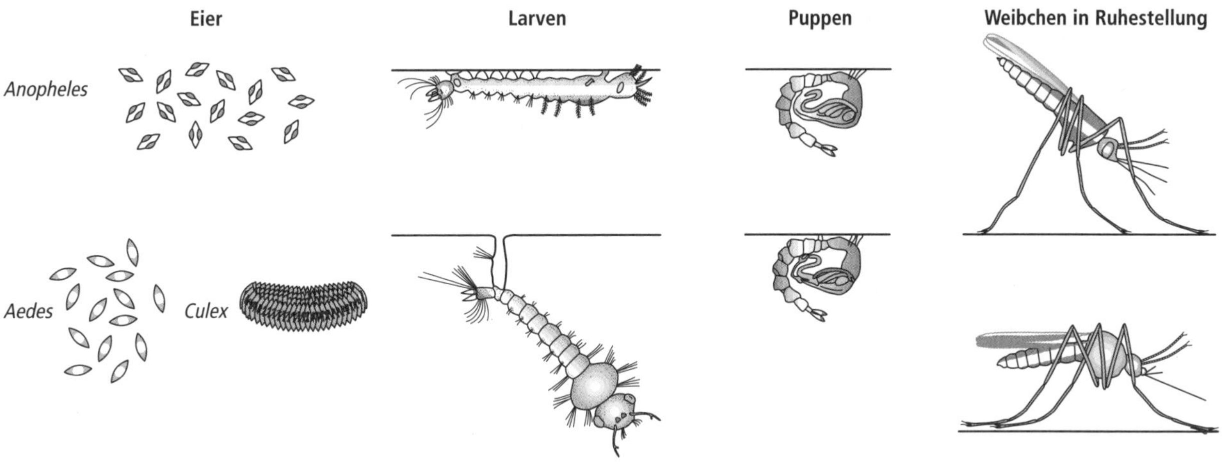

1. Das Auftreten von Malaria ist von einem geschlossenen Überträger-Wirt-Kreislauf abhängig. Erläutern Sie diese Aussage!
2. 1995 kam es in Berlin zu zwei Malariainfektionen. Die beiden Erkrankten waren nicht im Ausland, können die Krankheit also nicht eingeschleppt haben. Man vermutet als Infektionsquelle eine kurzlebige, lokale, infizierte *Anopheles*-Population. Welche charakteristischen Merkmale unterscheidet *Anopheles* von anderen Stechmückengattungen (M2)? Wie kann man nachweisen, ob die Imagines mit Plasmodien infiziert sind?
3. Informieren Sie sich in der Literatur und im Internet über weitere, von Stechmücken übertragbare Krankheiten!

© 2005 Schroedel, Braunschweig

Der Beitrag der Medizin

M1 Malaria

Malaria leitet sich aus dem Italienischen von „mala, schlecht, aria, Luft" ab. Schon früh wurde die Erkrankung mit der Luft in sumpfigen Gegenden in Verbindung gebracht. Aber nicht die modrige Luft ist die Ursache, sondern ein einzelliger Parasit namens *Plasmodium,* der von weiblichen *Anopheles*-Mücken beim Blutsaugen übertragen wird. Weitere, sehr seltene Übertragungswege sind Bluttransfusionen, die Verwendung gebrauchter Spritzen und der Geburtsvorgang. Plasmodien brauchen 30 Sekunden, um nach der Übertragung bei einem Mückenstich die menschliche Leber zu erreichen und in eine Zelle einzudringen. Dort sind sie erst einmal vor dem Immunsystem in Sicherheit. Je nach Plasmodienart befallen sie einige Tage oder Wochen später die Roten Blutkörperchen, ernähren sich von deren Inhalt und vermehren sich prächtig. Schließlich platzen die Erythrocyten; die nächste Erregergeneration und ihre giftig wirkenden Stoffwechselendprodukte gelangen ins Blut – heftige Fieberanfälle sind die Folge.

Man unterscheidet verschiedene Malariaformen: Malaria quartana, hervorgerufen durch *Plasmodium malariae;* Malaria tertiana, hervorgerufen durch *Plasmodium vivax* und *Plasmodium ovale;* Malaria tropica, hervorgerufen durch *Plasmodium falciparum.* Es gibt noch weitere Malariaerreger. Diese sind in ihrer Wirkung auf den Menschen nicht so bedeutend wie die genannten Arten.

M2 Malaria in Deutschland – Todesfälle nach Erregerspezies

Erregerspezies	1987	1988	1989	1990	1991	Summe
Plasmodium falciparum	7	10	13	17	3	50
Mischinfektion	0	0	0	0	1	1
ohne Angaben	0	1	0	1	1	3
Summe	7	11	13	18	5	54

M3 Malariaeinschleppungen in die alten Bundesländer von 1980 bis 1989

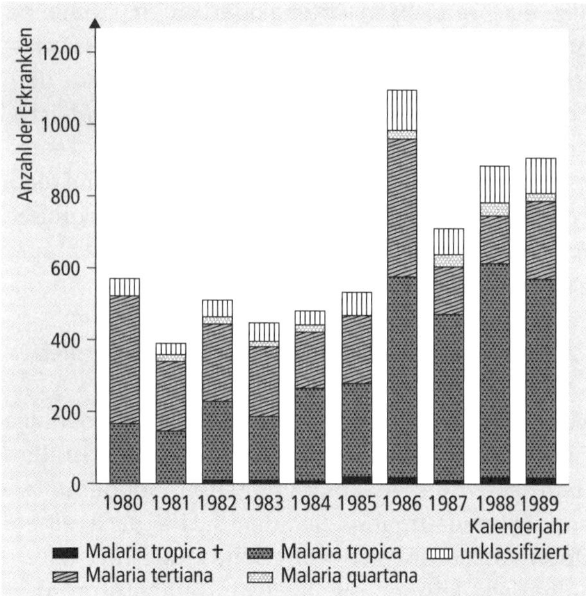

M4 Anzahl der Todesfälle (alte Bundesländer) im Zeitraum von 1988 bis 1992 und Infektionsland

Land	1988	1989	1990	1991	1992	Summe
Kenia	8	11	11	2	6	38
Ghana	1		1	1		3
Elfenbeinküste	1				2	3
Nigeria				1	1	2
Sambia			2			2
Tansania		1				1
Gambia			1			1
Madagaskar	1					1
Benin					1	1
Uganda				1		1
Westafrika			1			1
Sri Lanka			1			1
ohne Angaben		1	1			2
Summe	11	13	18	5	10	57

© 2005 Schroedel, Braunschweig

M5 Folgen der Malaria

Leichtes Fieber, allgemeines Unwohlsein, Übelkeit, Gliederschmerzen. Unspektakulär kündigt sich eine Krankheit an, die als die bedeutendste Tropenkrankheit gilt: Malaria.

- 40 Prozent der Weltbevölkerung leben in Malaria gefährdeten Gebieten.
- 100 Millionen Kranke werden weltweit im Jahr gezählt. Manche Quellen sprechen sogar von 500 Millionen Kranken.
- Alle 15 Sekunden stirbt ein Mensch an der Krankheit.
- Jeder zweite Todesfall ist ein Kind unter fünf Jahren.
- Insgesamt ereignen sich eine Million Todesfälle im Jahr mit steigender Tendenz.

M6 Health Problems of the Empire

„Der Patient kann sich plötzlich in den Klauen des Fiebers wiederfinden, von einem Krampf geschüttelt werden, und dann derartig frieren, dass er zittert und mit den Zähnen klappert wie mit Kastagnetten. Er kriecht ins Bett und packt sich in dicke Kleider ein, friert aber bis auf die Knochen, obwohl seine Temperatur stark erhöht ist. Nach etwa einer Stunde beginnt die Hitzephase [...]. Die Haut wird trocken und brennt, starke Kopfschmerzen setzen ein und der Patient muss sich wiederholt übergeben. Bei einem heftigen Anfall steht er stark unter Stress, das Fieber steigt auf über 40 °C. Er wirft seine Decken ungeduldig beiseite und verliert leicht den Kopf [...]. Dann folgt eine Transpirationsphase, der Schweiß rinnt dem Kranken die Haut herunter und durchnässt ihn mitsamt Kleidung und Bettwäsche."
(Quelle unbekannt)

M7 Fieberkurven von *Malaria quartana* (Inkubationszeit 20 bis 40 Tage), *Malaria tertiana* (Inkubationszeit 10 bis 20 Tage) und *Malaria tropica* (Inkubationszeit 7 bis 10 Tage)

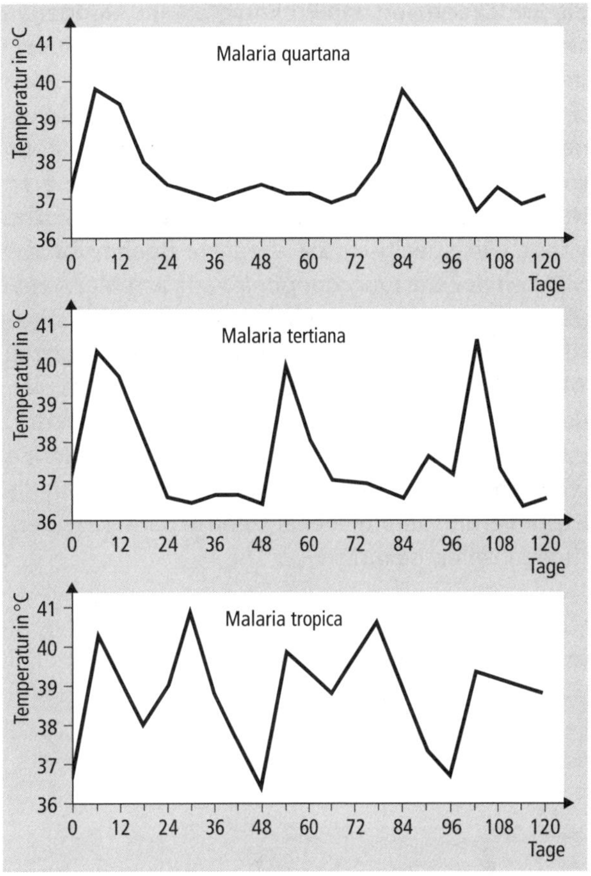

Die einzelnen Merozoiten von *Plasmodium malariae, Plasmodium vivax* und *Plasmodium ovale* synchronisieren nach einiger Zeit ihre Vermehrungszyklen. Bei *Malaria tropica* kommt es häufiger zu Mischinfektionen.

1. Tragen Sie alle Informationen zu den verschiedenen Malariaformen in einer Tabelle zusammen (Inkubationszeit, Fieberanfälle, Prognose, Erreger, Hauptinfektionsgebiet)!
2. Ermitteln Sie die Häufigkeiten der verschiedenen Malariaformen unter den eingeschleppten Krankheitsfällen (M3)! Wählen Sie für die Präzisierung ein konkretes Jahr aus!
3. Ordnen Sie Inkubationszeit und akute Krankheitsstadien den Entwicklungsphasen des Malariaerregers zu!
4. In welchen Gebieten sind Reisende besonders gefährdet? Reichen die vorhandenen Informationen aus, um den Gefährdungsgrad bestimmen zu können?
5. Welche Probleme ergeben sich für eine Gesellschaft in Malaria gefährdeten Gebieten?
6. Noch Jahre nach einer Malariabehandlung kann es zu erneuten Fieberanfällen kommen. Erklären Sie!

© 2005 Schroedel, Braunschweig

Der Beitrag der Mikrobiologie

M1 *Plasmodium*

Erreger der Malaria ist das Protozoon *Plasmodium.* Diese Sporentierchen sind einzellige eukaryotische Mikroorganismen, denen Zellwände fehlen. Ihre eukaryotische Natur und ihre Größe unterscheidet die Protozoen von den Prokaryoten, ihr Mangel an Chlorophyll von den Algen, ihre Beweglichkeit und die fehlende Zellwand von den Hefen. Plasmodien sind obligate Parasiten ohne bewegliche Erwachsenenstadien. Sie produzieren durch Vielfachteilung so genannte bewegliche Sporozoiten, mit deren Hilfe der Wirtswechsel stattfindet. Plasmodien sind streng wirtsspezifisch. Sie werden ausnahmslos von Mücken der Gattung *Anopheles* auf den Menschen übertragen.
Alle bisher untersuchten Plasmodienarten besitzen 14 unterschiedlich große Chromosomen im haploiden Satz. *Plasmodium falciparum* besitzt zusätzlich zwei extranucleäre Chromosomen. Die Bildung weiblicher und männlicher Gameten wird durch die Exprimierung verschiedener Gene in genetisch identischen Zellen bewirkt.

M3 Malariaerreger kurz vor der Umwandlung zum Sporozoiten

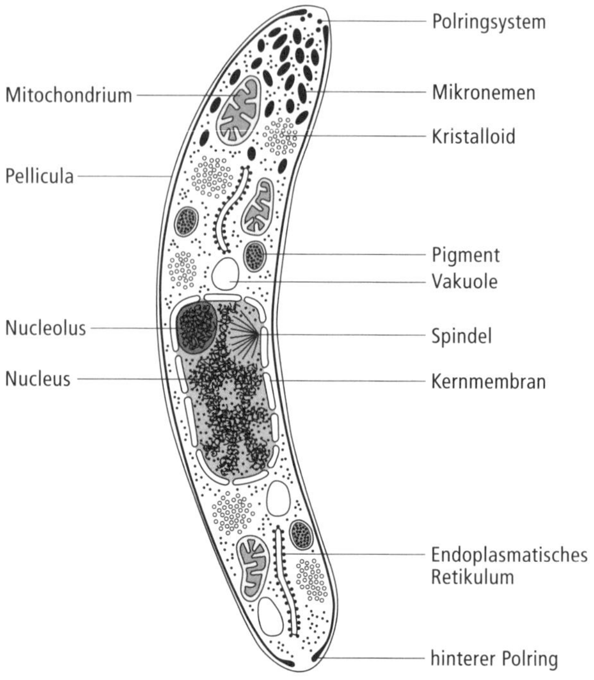

M2 Entwicklungszyklus des Malariaerregers

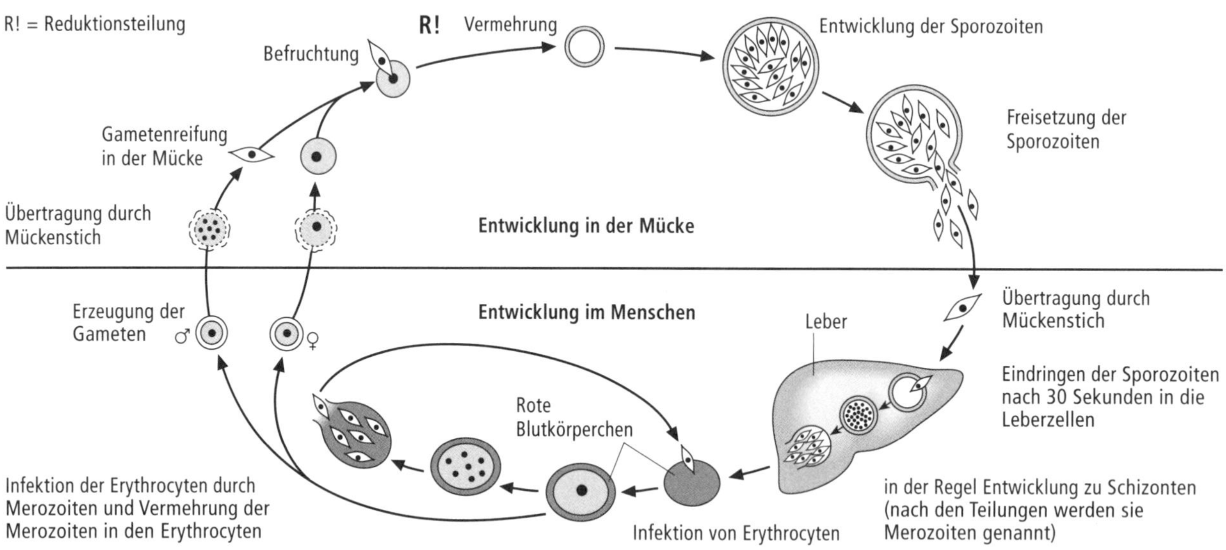

1. Informieren Sie sich in Fachbüchern über unterschiedliche Formen des Parasitismus und über Anpassungen an die parasitäre Lebensweise! Charakterisieren Sie auf der Grundlage Ihrer Ergebnisse *Plasmodium!*
2. Kennzeichnen Sie in M2 die drei Phasen im Entwicklungszyklus des Malariaerregers farbig! Erklären Sie, wie die unterschiedlichen Formen des Erregers entstehen!
3. Der Entwicklungszyklus des Malariaerregers ist durch einen Generations-, Wirts- und Gewebewechsel gekennzeichnet. Erläutern Sie diese Aussage mithilfe von M2!

© 2005 Schroedel, Braunschweig

Der Beitrag der Tourismusindustrie

Natascha, Anna und Ralf, alle 19 Jahre alt, planen nach ihrem Abitur etwas ganz Besonderes: eine dreimonatige gemeinsame Reise von Juli bis September in den Tropischen Regenwald nach Myanmar (Birma). Schon seit Jahren haben sie sich aktiv in einer Umweltschutzgruppe für seinen Erhalt eingesetzt. Ralf hat sich eine neue Fotoausrüstung gekauft und schwärmt von den seltenen Pflanzen und Tieren, die er aufnehmen will. Die Reaktion ihrer Eltern ist eher zurückhaltend. Vor allem weil Anna in der siebten Woche schwanger ist und sie befürchten, die Reise könne zu anstrengend für sie werden. Außerdem leidet Ralf gelegentlich an Herzrhythmusstörungen. Sie raten zu einer umfassenden Beratung durch den Hausarzt und im Reisebüro.

M2 Empfehlungen zur Malaria-Prophylaxe in den einzelnen Zonen des Malariagürtels

Zone	Einteilungskriterien der Zone	Empfehlungen zur Prophylaxe
A	geringes Risiko, *Plasmodium falciparum* nicht vorkommend oder gegen Chloroquin sensitiv	keine Prophylaxe, Chloroquin
B	mittleres Risiko in den meisten Gebieten	Chloroquin, Proguanil
C	hohes Risiko, häufig Mehrfachresistenzen gegen Prophylaxe-medikamente	Chloroquin, Proguanil, Mefloquin Doxycyclin

M1 Malariagürtel der Erde (Stand 2004)

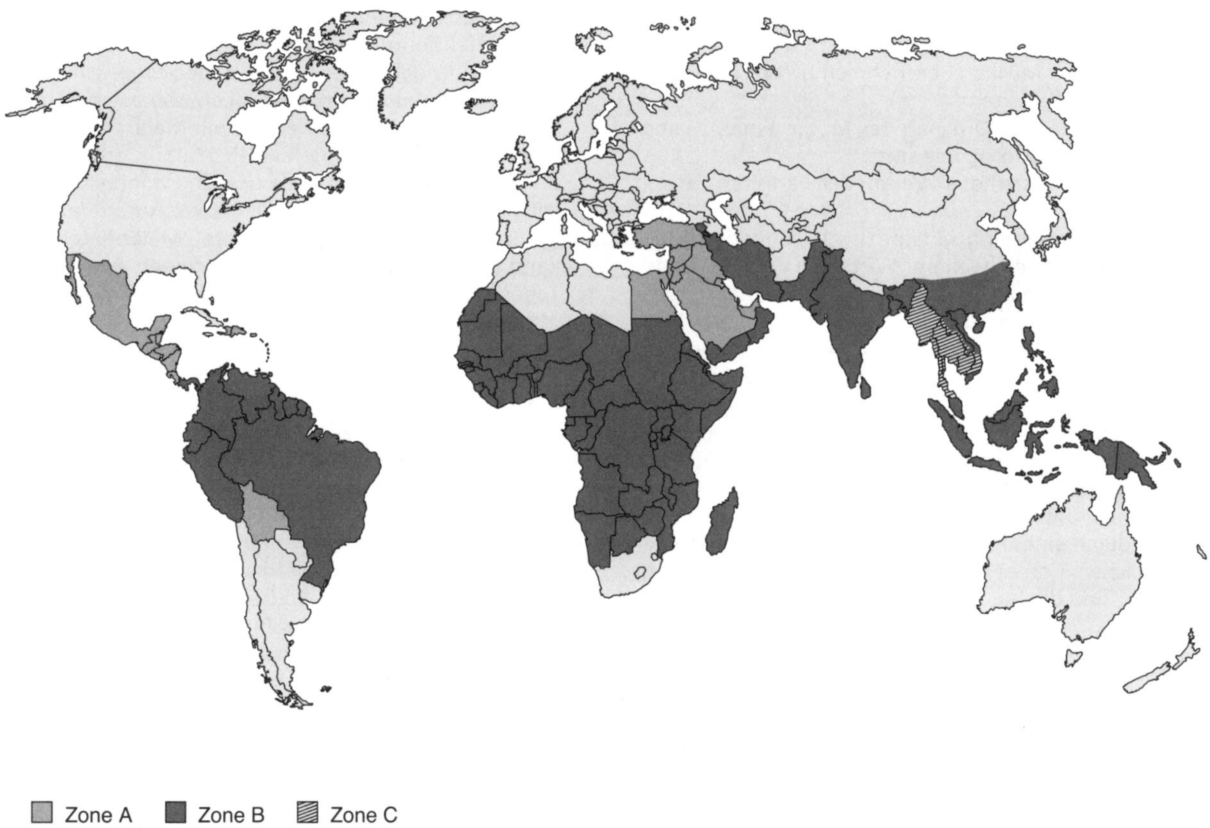

1. Informieren Sie sich in Literatur und Internet über Maßnahmen zur Malaria-Prophylaxe und über das Prophylaxeverhalten potenziell erkrankter Personen!
2. Entwerfen Sie mithilfe aller Informationen ein Rollenspiel: Natascha, Anna, Ralf, Hausarzt und Reisekauffrau/-mann! Analysieren Sie zu Beginn die Beratungssituation (Reiseziel, Reisezeit, Reisestil, individuelle Faktoren) und entwickeln Sie für Natascha, Anna und Ralf ein individuelles Beratungskonzept!

© 2005 Schroedel, Braunschweig

Lösungen

Vorwissen: Generations- und Wirtswechsel, Grundkenntnisse der klassischen Genetik, Mitose, Meiose

Kehrt die Seuche zurück?

1. Von 1970 bis 1985 war eine stetige jährliche Zunahme der Malariaerkrankungen in den alten Bundesländern zu verzeichnen. 1986 wurde die höchste Neuerkrankungsrate in den letzten 35 Jahren registriert. Seit 1987 schwankt die Zahl der Malariafälle auf konstant hohem Niveau. In der ehemaligen DDR beziehungsweise den neuen Bundesländern ist die Tendenz ähnlich, allerdings auf niedrigerem Niveau und leicht zeitversetzt.
2. Der afrikanische Kontinent ist das Hauptinfektionsgebiet für Malaria. Asien, Türkei, Amerika und Ozeanien folgen in weitem Abstand.
3. Deutsche Touristen stellen zwei Drittel der an Malaria Erkrankten, gefolgt von in die BRD eingereisten Ausländern und Personen deutscher Nationalität, die beruflich in Malariagebieten beschäftigt waren. Malariainfektionen unbekannter Herkunft machen etwa ein Prozent der Erkrankungen aus.

Der Beitrag der Entomologie

1. *Plasmodium* ist ein obligater Entoparasit mit obligatem Wirtswechsel. Mücken übernehmen mehrere Funktionen für den Parasiten:
   - In Geweben und Organen der Mücke finden Gametogonie und Sporogonie statt.
   - Die Mücke überträgt als Vektor den Parasiten auf den Wirt Mensch.

   Plasmodium ist streng wirtsspezifisch, außer dem Menschen existiert kein weiterer Wirt (kein Wirtsreservoir). Fehlen Vektor oder Wirt, kann sich *Plasmodium* nicht weiterentwickeln und stirbt.
2. Charakteristische Merkmale einer *Anopheles*-Population sind in lockeren Häufchen auf der Wasseroberfläche verteilte Eier, waagerecht unterhalb der Wasseroberfläche liegende Larven und adulte Weibchen, die in Ruhestellung ihr Abdomen in die Höhe recken. Die Puppen der verschiedenen Gattungen sind kaum voneinander zu unterscheiden. Der Infektionsnachweis erfolgt durch eine Untersuchung der Speicheldrüsen der weiblichen Tiere. Finden sich in diesem Organ Sporozoiten, sind die Mücken infiziert.
3.

Erreger	Krankheit	Krankheitsbild
Dengue-Virus	Denguefieber	Inkubationszeit fünf bis acht Tage, Fieberschübe im Abstand von mehreren Tagen, Erbrechen, Gelenkschmerzen
Filarien	Elephantiasis	unförmige Anschwellung von Körperteilen, vor allem der Extremitäten, infolge chronischer Lymphstauung
Plasmodium präcox	Vogelmalaria	hoch infektiös, richtet großen Schaden in Geflügelzuchtbetrieben an

Der Beitrag der Medizin

1.

	Malaria quartana	Malaria tertiana	Malaria tropica
Inkubationszeit	20 bis 40 Tage	10 bis 20 Tage	7 bis 10 Tage
Fieberanfälle	im 72-Stunden-Rhythmus; Temperaturanstieg auf 40 bis 41 °C	im 48-Stunden-Rhythmus; etwa 2 bis 3 Stunden lang Temperaturanstieg auf 40 bis 41 °C	unregelmäßig wiederkehrend, meist täglich; Temperaturanstieg auf 40 bis 41 °C
Prognose	behandlungsbedürftig	behandlungsbedürftig	lebensgefährlich
Erreger	*Plasmodium malariae*	*Plasmodium vivax* und *Plasmodium ovale*	*Plasmodium falciparum*
Hauptinfektionsgebiet	aus Material nicht ableitbar		Kenia

Hinweis: Es ist deutlich zu unterscheiden zwischen dem Hauptinfektionsgebiet für deutsche Urlauber und dem Verbreitungsgebiet der Erregerspezies. *Plasmodium falciparum* kommt in nahezu allen Malaria gefährdeten Gebieten vor. Eine Infektion mit Malaria tropica ist lebensbedrohlich. Ein Befall mit Malaria quartana ist behandlungsbedürftig, da keine Spontanheilung eintritt. Eine Spontanheilung bei Infektion mit *Plasmodium vivax* und *Plasmodium ovale* (Malaria tertiana) kann nach maximal drei Jahren erfolgen. Malaria mit Todesfolge tritt fast ausschließlich nach Infektionen in afrikanischen Ländern auf.

2. Im Jahr 1986 entfielen 50 Prozent der eingeschleppten Krankheitsfälle auf Malaria tropica, 40 Prozent auf Malaria tertiana und 10 Prozent auf Malaria quartana.
3. Die unterschiedlichen Inkubationszeiten lassen auf unterschiedliche Entwicklungsgeschwindigkeiten der verschiedenen Erregerspezies schließen, ihre unterschiedliche Gefährlichkeit auf eine unterschiedlich ausgeprägte Fähigkeit des Immunsystems, mit der Beanspruchung fertig zu werden. Die Inkubationszeit dauert bis zur ersten Freisetzung der Merozoiten. Dabei gelangen Toxine ins Blut, die die Fieberanfälle auslösen (akutes Krankheitsstadium).
4. Die meisten Todesfälle gehen auf eine Infektion mit *Plasmodium falciparum* in Kenia zurück. Kenia gehört zu den beliebtesten Reisezielen in Afrika. Zur exakten Bestimmung des Gefährdungsgrades muss die Gesamtzahl der Urlauber bekannt sein. Außerdem ist zu berücksichtigen, dass der Gefährdungsgrad in einem Land nicht überall gleich hoch ist. An der Küste und in höheren Regionen ist der Gefährdungsgrad geringer als im Inland.
5. Für eine Gesellschaft ergeben sich folgende Probleme:
   - hohe Kosten für das Gesundheitssystem beziehungsweise für die betroffenen Familien
   - Ausfall von erwerbsfähigen Personen
   - Beeinträchtigung der Entwicklung und Ausbildung der Kinder durch lange und häufige Krankheitsphasen

6. In der Leber können Merozoiten und Schizonten verbleiben und nach Jahren erneut aktiv werden.

Der Beitrag der Mikrobiologie

1. Beim Parasitismus wird zwischen Ektoparasitismus (Außenparasitismus) und Entoparasitismus (Innenparasitismus) unterschieden.
   Ektoparasiten leben zeitweise wie Flöhe (Larve nicht parasitär) oder dauerhaft wie Läuse auf dem Wirt. Je länger der Parasit mit dem Wirt verbunden ist, desto größer sind die Anpassungsleistungen. Entoparasiten sind in der Regel obligat auf ihren Wirt angewiesen.
   Zu den Anpassungen zählen fehlende Pigmentierung, Reduktion der Organe zur Nahrungsaufnahme, Deckung des Energiebedarfes durch Abbau wirtseigener Nährstoffe oder Gewebe, Reduktion der Bewegungs- und Fernsinnesorgane, große Gametenzahl und Zwittrigkeit mit Selbstbefruchtung.
   Plasmodium gehört zu den obligaten Entoparasiten. Dieses Protozoon weist eine geringe Pigmentierung auf, deckt seinen Nährstoffbedarf durch den Abbau von Leber- und Blutzellen, der Sauerstoffbedarf für den stark aeroben Stoffwechsel wird durch den Sauerstofftransport der Roten Blutkörperchen gedeckt. Es produziert viele Gameten beziehungsweise vermehrt sich durch Teilung. Die Ausbildung männlicher und weiblicher Gameten wird durch die Exprimierung verschiedener Gene bewirkt. Eine aktive Fortbewegung für den obligaten Wirtswechsel ist möglich. Das schnelle Aufsuchen der Leber innerhalb von 30 Sekunden deutet auf ein Fernsinnesorgan hin. *Plasmodium* gehört zu den evasiven Parasiten, das heißt es weicht vor dem Immunsystem aus.
2. Der Entwicklungszyklus lässt sich in drei Phasen unterteilen: Der Bildung und Reifung der Gameten und ihrer Verschmelzung zur Zygote (Gametogonie) folgt die ungeschlechtliche Vermehrungsphase in der Mücke (Sporogonie). Daran schließt sich die ungeschlechtliche Vermehrungsphase im Menschen an (Schizogonie).
   Die Reduktionsteilung erfolgt unmittelbar nach dem Verschmelzen zweier Gameten zur Zygote. Die Zygote stellt also das einzige diploide Stadium im Entwicklungszyklus dar, die anderen Entwicklungsstadien sind haploid. Alle weiteren Formen des Erregers entstehen durch mitotische Teilungen.
3. Der Generationswechsel findet zwischen der diploiden Generation, der Zygote, und den haploiden Generationen, den Sporozoiten und Merozoiten, statt. Zwischen Mensch, Mücke, Mensch und so weiter kommt es zum Wirtswechsel. Der Gewebewechsel findet zwischen dem Verdauungstrakt und den Speicheldrüsen der Mücke und dem Blut, den Leberzellen und den Roten Blutkörperchen des Menschen statt.

Der Beitrag der Tourismusindustrie

1. Zu unterscheiden sind Expositionsprophylaxe und Chemoprophylaxe.
   Zur Expositionsprophylaxe gehören folgende Maßnahmen:
   - Tragen Körper bedeckender Kleidung vor allem in der Dämmerung und in der Nacht
   - Auftragen Insekten abweisender Mittel als Creme, Lotion oder Spray auf unbedeckte Körperstellen
   - Verwendung Insekten abtötender und abweisender Mittel in Form von Aerosolen, Verdampfern oder Kerzen im Wohn- und Schlafbereich
   - Aufenthalt in vor Mücken geschützten Räumen in der Dämmerung und während der Nacht
   - Verhängen des Schlafplatzes mit Moskitonetz
   - Meiden von Reisen in Hochrisikogebiete während der Regenzeit
   - Für Rucksacktouren gilt: Nicht in der Nähe stehender Gewässer schlafen!

   Zur Chemoprophylaxe gehören folgende Maßnahmen:
   - medikamentöse Malariavorbeugung: Chloroquin, Proguanil, Mefloquin, Doxycyclin (Die Reihenfolge der Medikamente entspricht der Zunahme schwerer Nebenwirkungen.)
   - Malaria-Notfallselbsttherapie (stand-by-Therapie) bei typischen Malariasymptomen
2. *Analyse*
   Reiseziel: Der Tropische Regenwald in Myanmar gehört zu den Hochrisikogebieten der Zone C des Malariagürtels, das heißt *Plasmodium falciparum* ist resistent gegen Chloroquin, daneben treten häufig Plamodienspezies mit Mehrfachresistenzen auf.
   Reisezeit: Von Mai bis Oktober herrscht in Myanmar Regenzeit, die Reise ist genau in diesem Zeitraum geplant.
   Reisestil: Rucksacktouristen in ländlichen Gebieten gelten als besonders gefährdet.
   individuelle Faktoren: Schwangerschaft, Herzrhythmusstörungen, Alter
   Beratung
   Vom Alter her gehören die jungen Leute keiner Risikogruppe wie Kleinkinder oder ältere Personen an. Zur Chemoprophylaxe werden Mefloquin und Doxycyclin empfohlen, da gegen die anderen Medikamente Resistenzen bei den Plasmodienspezies bestehen. Beide Medikamente sind für Schwangere nicht geeignet. Mefloquin kann bei gefährdeten Personen Herzrhythmusstörungen auslösen.
   Den jungen Leuten, vor allem Anna wegen ihrer Schwangerschaft und Ralf wegen seiner Herzbeschwerden, ist von dem Reiseziel in dem geplanten Zeitraum und in der geplanten Weise abzuraten.
   Generell gilt: In der Regenzeit Hochrisikogebiete meiden!

Die Wagenspur

M1 Wassergefüllte Wagenspur

M2 Ökosystem „Wagenspur"

Im März hatte es wochenlang geregnet, sodass Förster Oliver Becker mit seinem Forstfahrzeug nicht in den Wald konnte. Anfang April scheint endlich die Sonne und die Waldwege sind einigermaßen befahrbar. Herr Becker fährt auf den unbefestigten Wegen, um nach den Stapeln mit abgesägten Eichen- und Buchenstämmen zu sehen. Sie sollten schon längst zum Sägewerk transportiert worden sein. Die alten Fahrspuren sind vom Regen ganz mit Wasser gefüllt, das nun beim Durchfahren zu allen Seiten spritzt, um schnell in dem weichen Boden wieder zu versickern. Auch ein Teil des Schlamms und der halbzersetzten Blätter wird mit herausgeschleudert. Langsam füllen sich die Spuren erneut mit Wasser. An den Rändern der Fahrspuren haben sich vereinzelt Kräuter angesiedelt, die durch die Räder teilweise platt gefahren wurden.

Mit der Erfindung des Rades zwischen 3500 und 3000 vor Christus durch die Sumerer in Mesopotamien schuf der Mensch die Voraussetzung für ein neues Ökosystem. Das Rad ersetzte bald die Kufen der Schlitten und hinterließ auf unbefestigten Wegen tiefe Wagenspuren, die sich je nach Witterung mit Wasser füllten.
Wassergefüllte Wagenspuren sind ein vom Menschen geschaffenes Kleingewässerökosystem. Der Wasserstand der Wagenspur hängt von der Witterung, dem Untergrund, der Sonneneinstrahlung und dem Pflanzenbewuchs ab. So wirkt sich die Beschattung durch Bäume auf den Wasserstand aus, bedingt durch die geringere direkte Verdunstung und Transpiration des Randbewuchses. Wegen der geringen Wassertiefe unterliegt das Ökosystem hohen Temperaturschwankungen. Auch das Befahren der Forstwege durch den Menschen kann das Ökosystem „Wassergefüllte Wagenspur" entscheidend verändern. Durch regelmäßiges Befahren der Forstwege wird eine rasche Verlandung des Ökosystems verhindert.

Charakteristisch für das Ökosystem „Wagenspur" ist die geringe Dichte der Primärproduzenten. In solch flachen Gewässern lassen sich nur Arten finden, die durch eine kurze Entwicklungsdauer an die unregelmäßige Wasserführung angepasst oder in der Lage sind, Dauerstadien zu bilden. Meist handelt es sich um Algenplankton. Gefäßpflanzen kommen häufig nur als Bewuchs des Randbereichs vor.
Den Anfang der Nahrungskette bildet das Falllaub der umliegenden Bäume und Sträucher. Deshalb spielen Algen als Primärproduzenten eine untergeordnete Rolle. Neben Algen kommen zahlreiche Bakterien, Wasserflöhe, Mückenlarven und zeitweilig auch Molche im Wasser der Wagenspur vor.

1. Ökosysteme sind gekennzeichnet durch abiotische und biotische Faktoren. Informieren Sie sich in Ihrem Schulbuch über die Bedeutung der beiden Begriffe!
2. Benennen Sie für das Ökosystem „Wagenspur" charakteristische abiotische Faktoren und erläutern Sie ihre Funktion!
3. Benennen Sie die biotischen Faktoren dieses Ökosystems und erläutern Sie ihre Bedeutung!

© 2005 Schroedel, Braunschweig

Der Stofffluss

M1 Einfluss abiotischer Faktoren auf die Nahrungskette in der Wagenspur

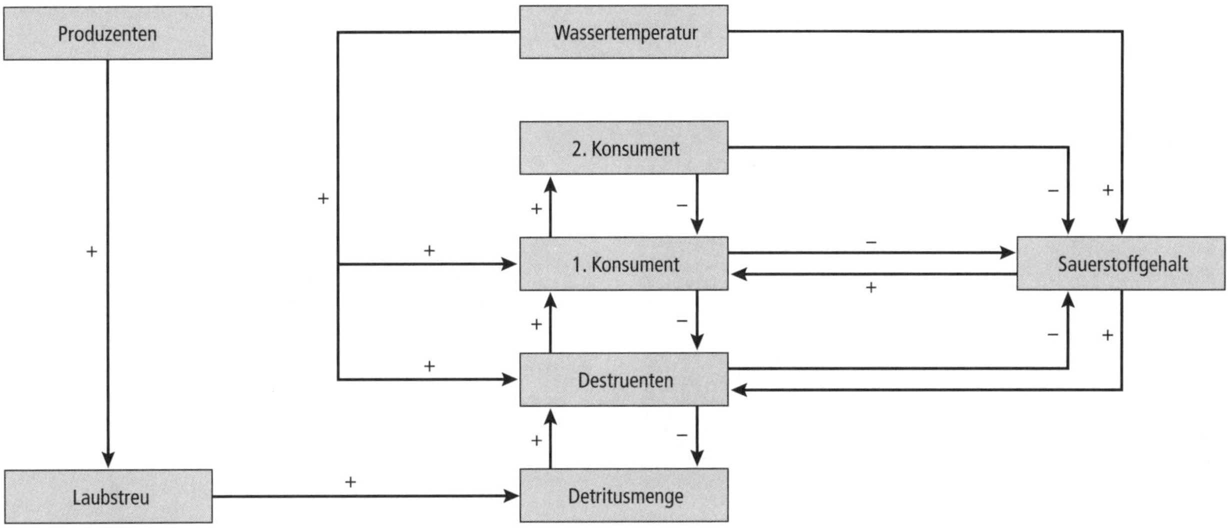

+ fördernder Einfluss – hemmender Einfluss

M2 Stickstoffkreislauf in einem eutrophen See

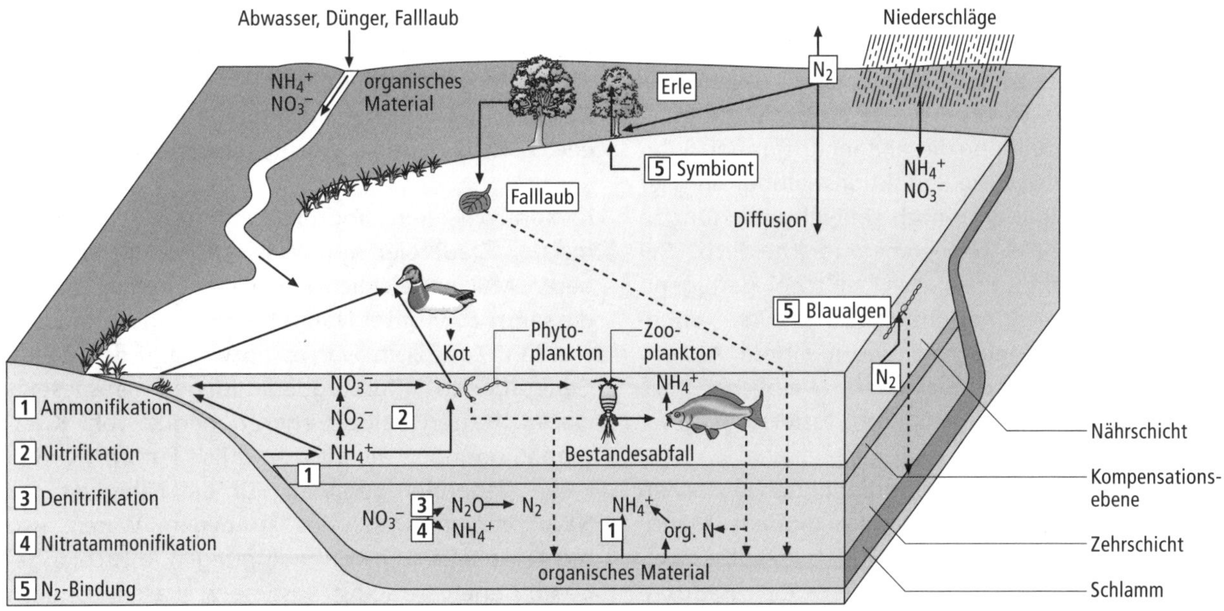

1. Die in M1 dargestellte Abbildung stellt ein allgemeines Schema dar. Erstellen Sie anhand dieser Vorlage ein entsprechendes Schema für das Ökosystem „Wagenspur"!
2. Beschreiben Sie den Stickstoffkreislauf in einem eutrophen See und erklären Sie die Begriffe!
3. Kennzeichnen Sie in der Abbildung M2 die Prozesse farbig, die in entsprechender Weise in der Wagenspur vorkommen!
4. Der Mensch wirkt im besonderen Maße auf das Ökosystem „Wagenspur" ein. Erläutern Sie die Einflussnahme des Menschen auf die Wagenspur! Berücksichtigen Sie dabei auch, ob dieser Einfluss im Sommer oder im Winter ausgeübt wird!

© 2005 Schroedel, Braunschweig

Der Wasserfloh

M1 Wasserfloh (♀)

M3 Schemazeichnung eines Wasserflohs (♀)

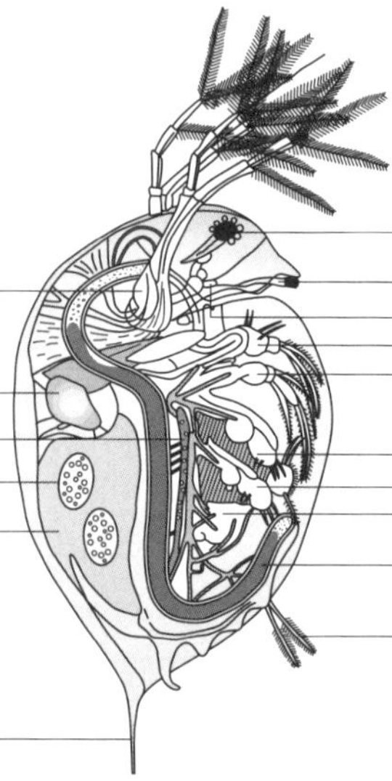

M2 Fortpflanzung von Wasserflöhen

Wasserflöhe *(Daphnien)* sind im Süßwasser lebende Krebse, die sowohl zu parthenogenetischer als auch zu sexueller Vermehrung fähig sind. Im Frühjahr schlüpfen aus diploiden Dauereiern ausschließlich weibliche Tiere. Diese sind nach sechs Tagen vermehrungsfähig. Sie produzieren so genannte Subitaneier. Bei der Bildung dieser nährstoffarmen Subitaneier unterbleibt die Reduktionsteilung, die Eier sind folglich diploid. Je nach Umweltbedingungen entwickeln sich Subitaneier unterschiedlich. Bei günstigen Bedingungen, das heißt bei genügend Nahrung und Wärme, entwickeln sich aus unbefruchteten Subitaneiern diploide, mit ihren Müttern genetisch identische Weibchen. Weibliche Tiere leben etwa zwei Monate und produzieren in dieser Zeit 300 Subitaneier.
Unter ungünstigen Umweltbedingungen entstehen aus unbefruchteten Subitaneiern diploide Männchen und Weibchen. Bei der Bildung ihrer Keimzellen findet bei beiden Geschlechtern eine Reduktionsteilung statt. Männliche und weibliche Keimzellen sind folglich haploid. Nach der Paarung männlicher und weiblicher Tiere verschmelzen ihre Keimzellen und bilden Zygoten. Diese Zygoten entwickeln sich zu diploiden, nährstoffreichen Dauereiern. Ein bis zwei Dauereier werden im Brutraum der Weibchen abgelegt. Hier überstehen sie ungünstige Perioden, wie zum Beispiel den Winter.
Den Wechsel zwischen Parthenogenese und bisexueller Fortpflanzung nennt man Heterogonie.

In kontrollierten Laborexperimenten wurden die meisten Dauereier von Wasserflöhen produziert, deren Mütter reichlich Futter bekommen hatten, die selbst aber unter Hungerbedingungen gehalten wurden. Zusätzlich war es notwendig, dass beide Generationen Kurztagbedingungen ausgesetzt waren. Hatten beide Generationen sowohl Kurztagbedingungen als auch reichlich Futter, wurden keine Dauereier gebildet. Für die Fähigkeit der Nachkommen, Dauereier zu bilden, waren also nicht nur die Umweltbedingungen ausschlaggebend, denen sie selbst ausgesetzt waren, sondern auch die Futter- und Lichtbedingungen, unter denen ihre Mütter gelebt hatten. Offenbar werden diese Informationen über die Eier weitergegeben.

1. Mikroskopieren Sie einen Wasserfloh und identifizieren Sie die verschiedenen Körperstrukturen!
2. Vergleichen Sie die Parthenogenese mit der bisexuellen Fortpflanzung! Stellen Sie die Besonderheiten beider Formen heraus und begründen Sie den Wechsel!
3. Laborversuche haben gezeigt, dass Dauereier unter bestimmten Bedingungen gebildet werden. Benennen Sie diese! Wann treffen diese Bedingungen im Freiland zu? Begründen Sie Ihre Aussagen!

© 2005 Schroedel, Braunschweig

Der Bergmolch

Der Bergmolch ist ein kleiner bis mittelgroßer Wassermolch und in fast ganz Europa verbreitet. In niederen und mittleren Höhenlagen lebt er bevorzugt im Wald in schattigen Gewässern, während er oberhalb der Baumgrenze der vollen Sonne ausgesetzt ist. Die Männchen der Molche sind kleiner als die massiger wirkenden Weibchen. Während ihres Landaufenthaltes ist der Flossensaum am Schwanz reduziert und die Haut glanzlos und Wasser abweisend.

M1 Ernährung

Bergmolche sind räuberisch, carnivor. Die Larven der Bergmolche fressen zunächst Algen, später bevorzugen sie überwiegend Kleinkrebse und andere kleine Wassertiere, wie Zuckmückenlarven oder Molcheier. Der ausgewachsene Molch ernährt sich im Wasser ähnlich wie die Larven, an Land frisst das adulte Tier auch Regenwürmer und kleine Artgenossen.

M3 Fortpflanzung

Bergmolche wandern zwischen Februar und März zu ihren Laichgewässern, wie wassergefüllte Wagenspuren oder Wildsuhlen. Ist ein Männchen paarungsbereit, schwimmt es vor das Weibchen, wedelt mit dem Schwanz und lockt das weibliche Tier mit Duftstoffen an. Ist das Weibchen paarungswillig, gibt das Männchen einen Samenträger ab, der von dem Weibchen mit der Kloake aufgenommen wird. Den Laich legt das Weibchen anschließend im Wasser ab. Hierzu faltet das Weibchen aus geeigneten Blättern „Tüten", in die es die befruchteten Eier legt. Nach zwei Wochen schlüpfen Molchlarven mit auffälligen Kiemenbüscheln aus den Eiern. Der Abschluss der Metamorphose findet je nach Umweltbedingungen von Ende August bis Anfang November statt. Nach Rückbildung der Kiemen und Ausbildung von Lunge und Beinen gehen auch die Jungmolche – wie ihre Eltern, die das Wasser schon früher verlassen haben – zum Landleben über.

M2 Hormonelle Steuerung der Metamorphose

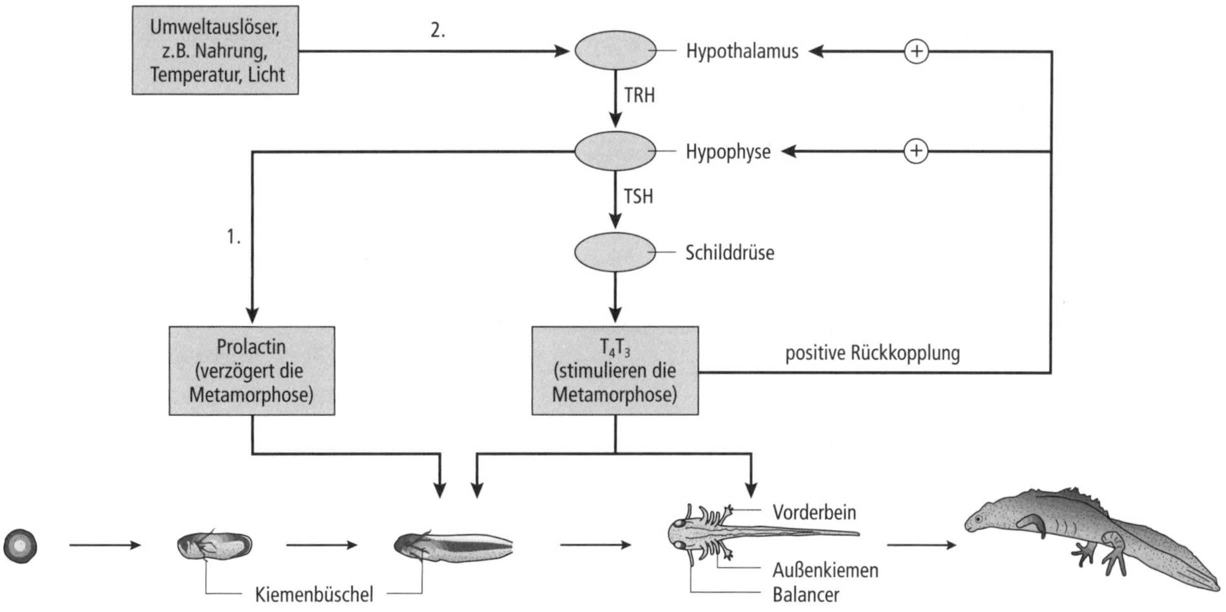

1. Sammeln Sie weitere Informationen über den Bergmolch! Was ermöglicht seine Entwicklung in einer Wagenspur?
2. Die Entwicklung des Bergmolchs wird hormonell gesteuert. Informieren Sie sich über die Funktion von Hormonen!
3. Erläutern Sie anhand der Abbildung M3 die hormonelle Steuerung der Metamorphose beim Molch! Welchen Einfluss hat hierbei die Umwelt?

© 2005 Schroedel, Braunschweig

Abiotische Faktoren

Regelmäßige Messungen abiotischer Faktoren von März bis Oktober in Wagenspuren ohne Durchfahrungen und Wagenspuren mit Durchfahrungen führten zu unterschiedlichen Ergebnissen.

M1 Abiotische Faktoren der Wagenspur ohne Durchfahrungen

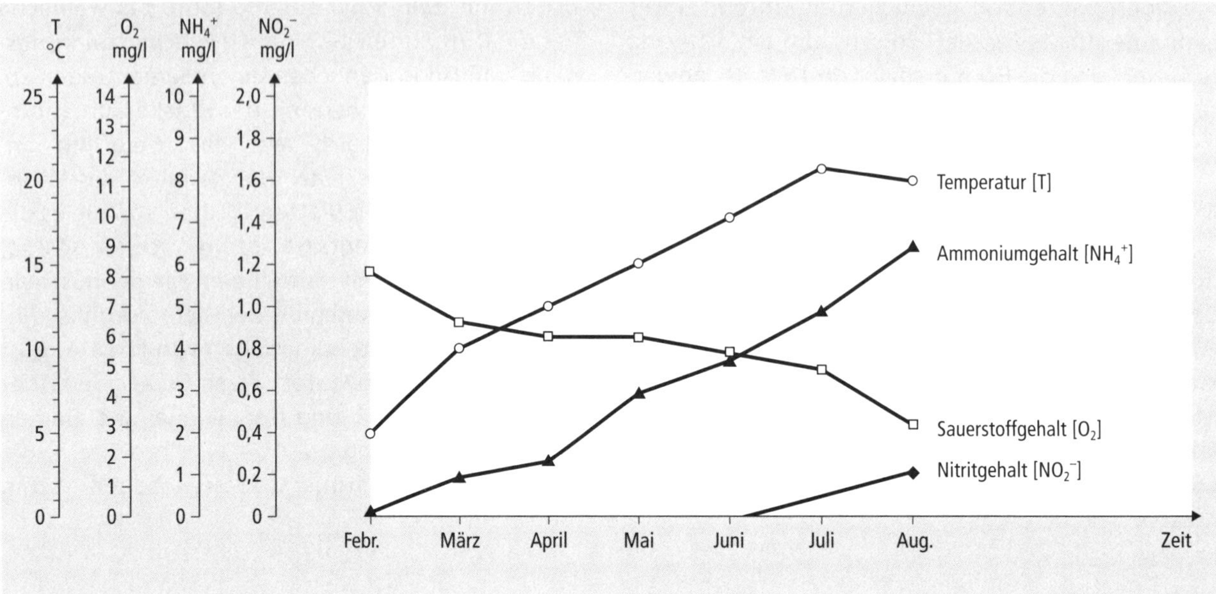

M2 Abiotische Faktoren der Wagenspur mit Durchfahrungen

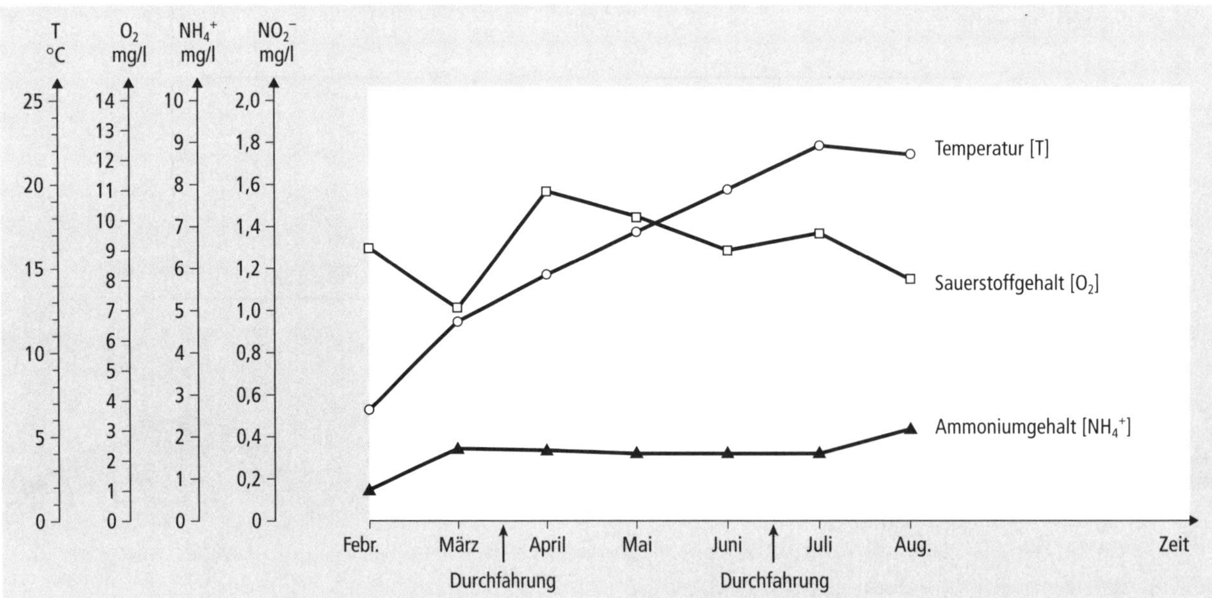

1. Vergleichen Sie jeweils die entsprechenden Kurven von M1 und M2 miteinander!
2. Zeigen Sie Zusammenhänge an ausgewählten abiotischen Faktoren auf und analysieren Sie sie!
3. Erläutern Sie den Einfluss der Durchfahrungen auf die abiotischen Faktoren des Ökosystems „Wagenspur"!

© 2005 Schroedel, Braunschweig

Biotische Faktoren

Über einen längeren Zeitraum wurden Populationen von Bakterien, Wasserflöhen und Bergmolchen, die in Wagenspuren lebten, beobachtet. Dabei ließen sich charakteristische Entwicklungsschritte feststellen. Diese Entwicklungen sind in den folgenden Materialien dargestellt.

M2 Regelkreis

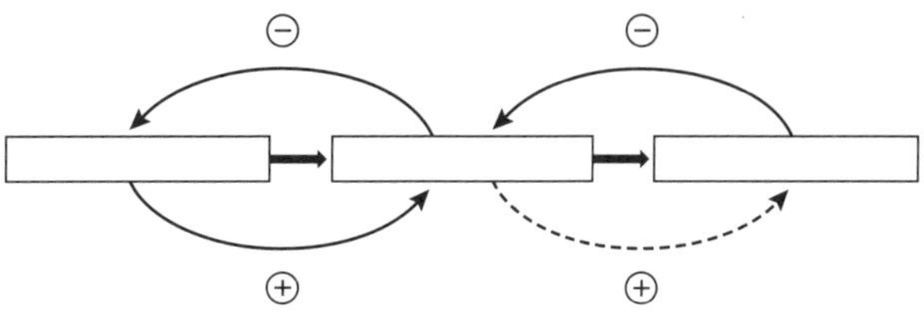

M1 Entwicklung der Population ohne Durchfahrungen

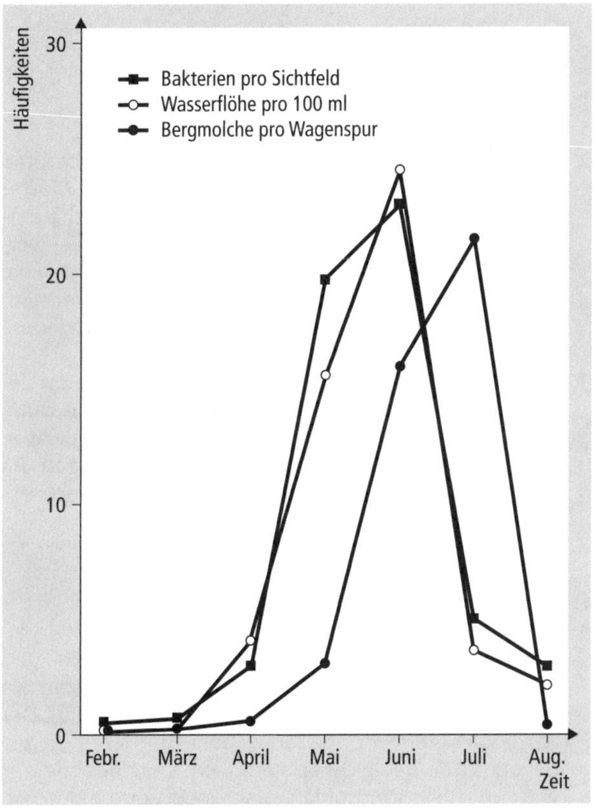

M3 Entwicklung der Population mit Durchfahrungen

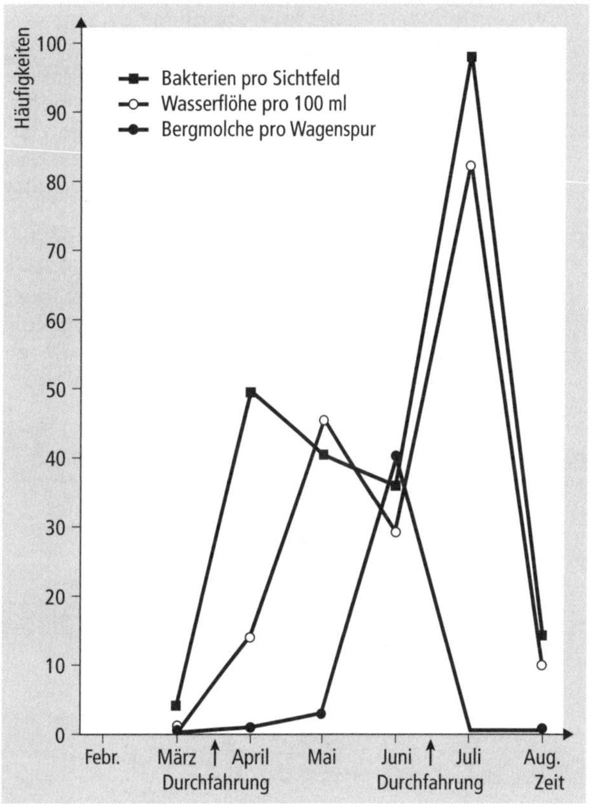

1. Ermitteln Sie mithilfe der Abbildungen die Beziehungen der drei Organismengruppen zueinander und benennen Sie das zugrunde liegende Prinzip!
2. Erklären Sie die Dynamik der Populationsentwicklung unter Berücksichtigung der Umweltfaktoren!
3. Welche Auswirkungen haben Durchfahrungen auf die Populationsentwicklung in der Wagenspur?
4. Beziehen Sie begründet Stellung zu der Behauptung, dass die Individuendichte der Molchpopulationen nicht unmittelbar von der Wasserflohdichte abhängt!
5. Vervollständigen Sie den Regelkreis (M2)!
6. Umweltschützer wollen verhindern, dass Waldwege aus forstwirtschaftlichen Gründen zunehmend befestigt werden. Welche ökologischen Gründe könnten die Umweltschützer für ihre Argumente anführen? Begründen Sie Ihre Aussage!

© 2005 Schroedel, Braunschweig

Lösungen

Vorwissen: Nahrungskette, Generationswechsel, ungeschlechtliche und geschlechtliche Fortpflanzung, Parthenogenese, Metamorphose, Steuerung durch Hormone

Die Wagenspur

1. Abiotische Faktoren sind Umweltfaktoren, wie Temperatur, Wasser, Bodenverhältnisse und Licht. Für abiotische Faktoren lassen sich maximale und minimale Bereiche ermitteln, unter denen ein Lebewesen noch lebensfähig ist. Dazwischen liegt der Toleranzbereich. Biotische Faktoren sind Einwirkungen, denen ein Lebewesen durch andere Lebewesen ausgesetzt ist.
2. Das Wasser ist für alle Lebewesen von größter Bedeutung, da biochemische Reaktionen in wässriger Lösung ablaufen. Außerdem ist Wasser Transportmittel für Stoffe. Bei einem aquatischen Ökosystem, wie der „Wassergefüllten Wagenspur", bestimmt es ganz entscheidend den Lebensraum. Als Wärmequelle stehen Lebewesen entweder Sonnenstrahlen oder die Produktion von Eigenwärme durch Dissimilation zur Verfügung. Phototrophe Lebewesen, wie Pflanzen, sind auf Licht angewiesen, um mittels der Fotosynthese aus anorganischen Stoffen energiereiche organische Stoffe aufzubauen.
3. Die Lebewesen beeinflussen sich gegenseitig, zum Beispiel in Form von Nahrungsbeziehungen zwischen Arten. Durch den hohen Anteil des Falllaubs entwickelt sich eine starke Bakterienpopulation, von der sich die Wasserflöhe und Mückenlarven ernähren. Diese dienen wiederum den Larven der Bergmolche als Nahrung.

Der Stofffluss

1.

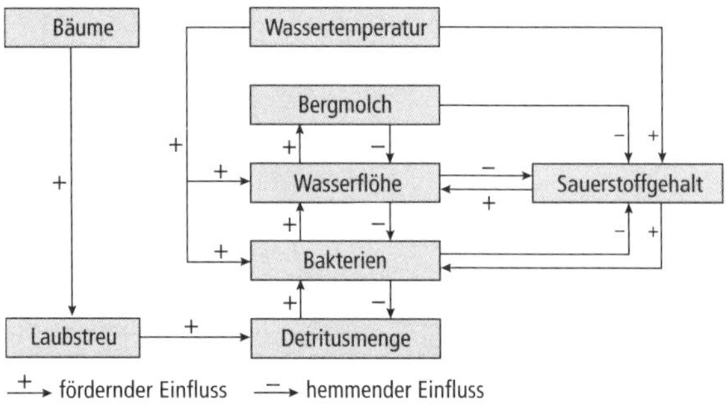

2. Stickstoff gelangt aus der Luft in Form von Ammonium und Nitrat über die Niederschläge in den See. Luftstickstoff fixierende Lebewesen binden den Stickstoff. Auch über das Falllaub der Bäume und über abgestorbene Organismen wird dem See Stickstoff zugeführt. Das Laub sinkt zusammen mit dem stickstoffhaltigen Bestandesabfall des Phyto- und Zooplanktons sowie den Ausscheidungsprodukten der Fische auf den Grund des Sees und lagert sich im Schlamm ab. Bei der Zersetzung organischer Substanzen durch Bakterien entsteht Ammonium (Ammonifikation). Dieses wird von anderen Bakterien über die Nitrifikation zu Nitrat oxidiert. Bei der Denitrifikation werden entstandene Nitrationen zu molekularem Stickstoff reduziert, jedoch nur, wenn die Zehrschicht arm an Sauerstoff ist.
3. Folgende Bereiche müssen farbig markiert werden: Niederschlag, Erle, Falllaub, Phytoplankton, Zooplankton, Bestandesabfall, Kot, organischer Stickstoff, Ammonium, N_2.
4. Durch das Durchfahren der Wagenspur wird Bodenschlamm und Falllaub herausgeschleudert und so die Detritusmenge reduziert. Gleichzeitig wird Detritus und Luft miteinander vermischt, der Sauerstoffgehalt im Wasser der Wagenspur steigt an. Da sich Bakterien durch die höheren Temperaturen und die verbesserte Sauerstoffversorgung schneller vermehren, nimmt etwas zeitversetzt die Population der Wasserflöhe zu, die sich von den Bakterien ernähren. Durch das Durchfahren wird eine Verlandung der Wagenspur verhindert. Im Winter ist der Boden häufig gefroren, sodass der Schlamm nicht herausgeschleudert werden kann. Auch befinden sich keine Wasserflöhe oder Molche in der Wagenspur.

Der Wasserfloh

1. –
2. Bei der Parthenogenese entstehen aus unbefruchteten diploiden Eiern untereinander und mit der Mutter genetisch identische Weibchen. Eine Partnersuche entfällt und die Wasserflöhe können sich schneller vermehren. Bei der bisexuellen Fortpflanzung werden die haploiden Keimzellen befruchtet. Sexuelle Vermehrung ermöglicht im Unterschied zur Parthenogenese genetische Rekombination.
3. Wasserflöhe bilden bei einem guten Futterangebot der Muttertiere, eigener schlechter Nahrungsversorgung und gleichzeitigem verkürzten Tageslicht Dauereier. Dies entspricht in der Natur den Bedingungen im Herbst. Die Muttertiere hatten im Sommer noch ein gutes Nahrungsangebot.

Der Bergmolch

1. Der Bergmolch ist bräunlich, blaugrau oder dunkelgrau gefärbt. An den Seiten hat er schwarze Punkte und blaue Streifen. Seine Bauchseite ist orange gefärbt. Die Männchen sind deutlich kleiner als die Weibchen. Der Bergmolch lebt in niederen oder mittleren Lagen bevorzugt in bewaldeten Regionen. Dort besiedelt er wassergefüllte Wildsuhlen oder Wagenspuren. Auch in künstlich angelegten Teichen und Brunnen kommt er vor. Für die Entwicklung benötigt der Bergmolch warmes Wasser und ein gutes Nahrungsangebot.
2. Hormone sind Botenstoffe, die in endokrinen Drüsen gebildet werden. Durch die Blutbahn gelangen sie an den Wirkungsort. Hormone sind als Informationsüberträger an der Koordination und Steuerung aller wichtigen Lebensfunktionen eines Organismus entscheidend beteiligt.
3. Die Hypophyse produziert in der Frühentwicklung Prolactin, welches die Metamorphose verzögert. Gute Nahrungsbedingungen, viel Licht und steigende Temperaturen wirken auf den Hypothalamus ein und bewirken die Ausschüttung von TRH. TRH beeinflusst in der Hypophyse die Sekretion von TSH. TSH veranlasst die Schilddrüse, T_3 und T_4 auszuschütten. Dadurch wird die Metamorphose ausgelöst.

Abiotische Faktoren

1. Die Temperatur steigt in beiden Wagenspuren ab Februar von 5 °C auf etwa 21 °C im Juli kontinuierlich an und fällt im August um 1 °C ab. Der Sauerstoffgehalt sinkt in der Wagenspur ohne Durchfahrungen von 8 mg/l im Februar auf 3 im August. In der Wagenspur mit Durchfahrungen schwankt der Sauerstoffgehalt von Februar bis August zwischen 7 und 8 mg/l mit einem einmaligen stärkeren Anstieg nach der ersten Durchfahrung Mitte März. Der Ammoniumgehalt in der Wagenspur ohne Durchfahrungen steigt im Februar von 0 mg/l kontinuierlich auf über 6 mg/l an. Bei der Wagenspur mit Durchfahrungen steigt er von Februar bis August von 0,5 auf 2 mg/l. Der Nitritgehalt steigt in der Wagenspur ohne Durchfahrungen von Juni bis August von 0 auf 0,2 mg/l. In der Wagenspur mit Durchfahrungen konnte kein Nitrit gemessen werden.
2. Das Sauerstoffbindevermögen von Wasser ist abhängig von der Temperatur. Je höher die Temperatur ist, desto weniger Sauerstoff kann gebunden werden. Die Oxidation von Ammonium zu Nitrit und Nitrat ist ebenfalls sauerstoffabhängig. Hier gilt, je mehr Sauerstoff vorhanden ist, desto schneller wird Ammonium umgewandelt. Diese Zusammenhänge sind bei der Wagenspur ohne Durchfahrungen zu erkennen. Mit zunehmender Temperatur sinkt der Sauerstoffgehalt, mit sinkendem Sauerstoffgehalt steigt der Ammonium- und Nitritgehalt.
3. Beim Durchfahren der Wagenspur wird das Wasser mit Luft vermischt und trotz der steigenden Temperatur mit Sauerstoff angereichert. Aufgrund des vorhandenen Sauerstoffes findet die Oxidation von Ammonium zu Nitrit und anschließend zu Nitrat ungehindert statt. Algen nehmen Nitrat sehr schnell auf, sodass es nicht nachweisbar ist.

Biotische Faktoren

1. Untersucht wird der Zeitraum von Februar bis August. In nicht durchfahrenen Wagenspuren steigt die Anzahl der Bakterien zwischen Februar und Juni auf maximal 23 Bakterien pro Sichtfeld. Bis Ende August werden durchschnittlich 3 bis 5 Bakterien pro Sichtfeld ermittelt. Die Anzahl der Wasserflöhe in 100 ml beginnt mit null im Februar, wächst bis auf 23 pro 100 ml im Juni maximal an. Bis August fällt die Populationsgröße auf 4 pro 100 ml. Wachstum der Bakterien- und der Wasserflohpopulation verlaufen annähernd parallel. Zeitversetzt steigt die Anzahl der Bergmolche je Wagenspur. Das Maximum der Bergmolchpopulation wird im Juli mit etwa 22 pro Wagenspur erreicht. Im August haben alle Bergmolche die Wagenspur wieder verlassen.

   Eine Durchfahrung der Wagenspur erfolgt Ende März und Ende Juni. Nach erfolgter Durchfahrung steigt die Bakterienpopulation exponentiell an. Entsprechendes erfolgt nach der zweiten Durchfahrung. Zeitversetzt steigt und fällt auch die Anzahl der Wasserflöhe. Das Maximum der Bergmolchpopulation folgt zeitversetzt dem der Bakterien und dem der Wasserflöhe.

   Folgen der Durchfahrung: Der Anstieg der Bakteriendichte bis April erhöht sich um den Faktor 8 (50 statt 6). Parallel dazu erhöht sich die Anzahl der Wasserflöhe (45 statt 16) um den Faktor 3. Die Anzahl der Bergmolche hat sich fast verdoppelt. Die Bergmolche verlassen durchfahrene Wagenspuren etwa einen Monat früher als nicht durchfahrene.

   Der Verlauf der drei Populationskurven spiegelt die Beziehungen zwischen Räubern und Beute wider. Die Bakteriendichte stellt die Nahrungsgrundlage für Wasserflöhe und Bergmolche. Zeitversetzt wachsen die Räuberpopulationen erster und höherer Ordnung an. Dieser Anstieg wirkt auf die Bakteriendichte zurück ebenso wie auf die Anzahl der Wasserflöhe pro 100 ml. Das Durchfahren der Wagenspur verändert die Populationsentwicklungen erheblich: die Größe der Bergmolchpopulation pro Wagenspur verdoppelt sich, das Maximum wird durch die erheblich verbesserte Nahrungsgrundlage einen Monat früher erreicht. Die Entwicklung wird viel früher abgeschlossen. Indem die Bergmolche die Wagenspur verlassen, nimmt die Anzahl der Räuber höherer Ordnung rapide ab. Zweite Durchfahrung und Abnahme der Bergmolchdichte führen zu einem Anstieg der Bakterien- und der Wasserflohdichte. Die beiden Populationen erholen sich.
2. Im Mai, Juni steigen die Temperaturen des Wassers stark an, in der Folge vermehren sich Algen und Bakterien stark. Diese sind für den Wasserfloh eine gute Nahrungsgrundlage, sodass er sich zeitversetzt ebenfalls stark vermehrt. Da sich der Molch von Wasserflöhen und diese von Bakterien ernähren, werden deren Populationen in der Folge reduziert.
3. Durch das Durchfahren wird der sauerstoffzehrende Schlamm aus der Wagenspur geschleudert und Detritus und Wasser werden mit der Luft durchmischt. Dadurch gelangt frischer Sauerstoff in das Wasser. Diese guten Lebensbedingungen führen zur Vermehrung der Bakterien und Wasserflöhe. Auf die Molche hat die erste Durchfahrung keine Auswirkung, bei der zweiten haben die Molche vermutlich das Ökosystem verlassen.
4. Bergmolche ernähren sich nicht ausschließlich von Wasserflöhen. Auch Insektenlarven zählen zu ihrer Nahrung, sodass Bergmolche nicht von Wasserflöhen abhängig sind. Bergmolche sind also keine Nahrungsspezialisten und nicht gebunden an das Ökosystem.
5. 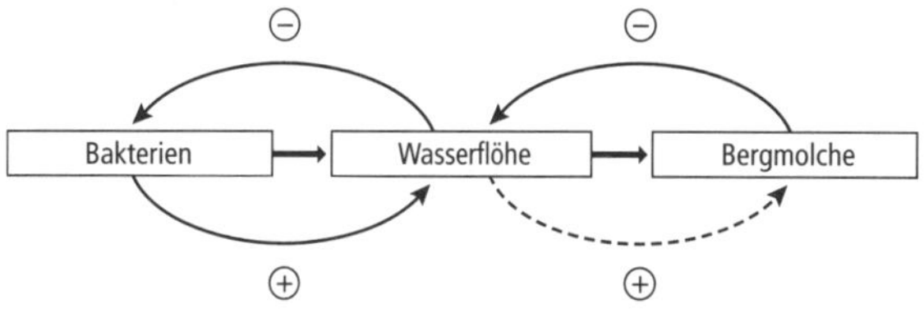

6. Wassergefüllte Wagenspuren dienen den Bergmolchen zur Vermehrung. Durch Befestigung der Waldwege wird den Molchen notwendiger Lebensraum entzogen.

Hefen – seit alters her Helfer des Menschen

M1 Brotbacken im alten Ägypten (etwa 2400 v. Chr.)

M2 Bäckerhefe kann Zucker vergären

Die Bäckerhefe *Saccharomyces cerevisiae* wird seit mehreren tausend Jahren durch den Menschen genutzt. Die Zubereitung von Brot, Wein und Bier durch Gärungsprozesse in den orientalischen Hochkulturen der Sumerer und Ägypter ist archäologisch dokumentiert.

Verantwortlich für die Bedeutung der Bäckerhefe ist eine stoffwechselphysiologische Besonderheit dieser Mikroorganismen: *Saccharomyces cerevisiae* nutzt nämlich Zucker – auch bei Luftkontakt – fast ausschließlich durch alkoholische Gärung, also anaerob.

Wenn die Hefe Gärung betreibt, ist ihr Wachstum wegen der relativ geringen Energieausbeute nur schwach. Hinzu kommt, dass Ethanol für die Hefe ein giftiges Stoffwechselprodukt ist, dessen Konzentration 12 Prozent bis maximal 18 Prozent nicht übersteigen darf.

Bäckerhefe ist ein fakultativer Anaerobier: Durch Belüftung einer gärenden Hefesuspension lässt sich die Gärung fast vollständig unterdrücken; die Hefe schaltet dann auf den oxidativen Abbau des Zuckers um. Dabei ist die Energieausbeute um ein Vielfaches höher, sodass eine starke Zellvermehrung stattfinden kann. Der Wechsel von der Gärung zur Atmung heißt nach seinem Entdecker PASTEUR-Effekt. Ausschließlich Atmung ist nur zu beobachten, wenn die Zuckerkonzentration in der Lösung hinreichend gering ist (unter 0,15 Gramm pro Liter) und diese genügend belüftet wird.

M3 Eckdaten der Geschichte

4000 v. Chr.	In Mesopotamien brauen die Sumerer ein bierähnliches Getränk.
3000 v. Chr.	In Mesopotamien und Ägypten hat sich eine rege Weinkultur enwickelt.
2400 v. Chr.	In Ägypten wird mithilfe von Sauerteig Brot gebacken.
1680	Antonius VAN LEEUWENHOEK entdeckt im Bier kleine kugelige Gebilde.
etwa 1840	Theodor SCHWANN erkennt, dass Bäckerhefe kein Tier, sondern ein Pilz ist.
1860/61	Louis PASTEUR weist nach, dass Hefen für die alkoholische Gärung verantwortlich sind.
1897	Eduard BUCHNER zeigt, dass alkoholische Gärung in einem zellfreien Extrakt aus Hefezellen, in vitro, ablaufen kann.
ab 1911	Der Prozess der alkoholischen Gärung wird durch Carl NEUBERG aufgeklärt.
1914–1916	Hefe wird großtechnisch zur Glycerin-Herstellung genutzt.
1943	Es wird entdeckt, dass haploide Hefezellen in zwei so genannten Paarungstypen auftreten.
1987	Gentechnisch veränderte Bäckerhefe stellt Humaninsulin her.
1996	Die DNA-Sequenz der Bäckerhefe ist vollständig entschlüsselt.

© 2005 Schroedel, Braunschweig

M4 VAN LEEUWENHOEK entdeckt die Hefe im Bier

Im Jahre 1680 schrieb der Holländer Antonius VAN LEEUWENHOEK einen Brief an den Sekretär der Londoner Royal Society, dem die abgebildete Zeichnung beigefügt war. Er hatte bei der Untersuchung einer Probe von Bier mit seinem einfachen Mikroskop viele kleine Teilchen entdeckt. „Einige von ihnen schienen rundlich zu sein [...]. Es gab große und kleine und manche kamen mir vor, als würden sie aus drei oder vier Teilchen bestehen, die sich zusammengetan hatten."

M5 Ein historisches Dokument

Mit Wasser zerteilte Bierhefe löst sich in unendlich kleine Kügelchen auf. Bringt man diese Kügelchen in Zuckerwasser, so entwickeln sich daraus kleine Tiere. Sie besitzen eine Art Saugrüssel, mit dem sie den Zucker aus der Auflösung verschlucken. Die Verdauung ist sogleich und aufs Bestimmteste an der erfolgenden Ausleerung von Exkrementen zu erkennen. Sie entleeren aus dem Darmkanal Weingeist und aus den Harnorganen Kohlensäure. So sieht man also aus dem Anus dieser Tiere unaufhörlich eine spezifisch leichtere Flüssigkeit in die Höhe steigen und aus ihren enorm großen Genitalien spritzt in sehr kurzen Zwischenräumen ein Strom von Kohlensäure.

(Ausschnitt aus den „Annalen der Chemie" von Friedrich WÖHLER und Justus VON LIEBIG, 1839)

M6 Der Geburtstag der Biochemie

Am 11. Januar 1897 wird auf der Sitzung der Deutschen Chemischen Gesellschaft Eduard BUCHNERS Einsendung „Alkoholische Gärung ohne Hefezellen" verlesen. Die vorläufige Mitteilung des außerordentlichen Professors für Analytische Pharmazeutische Chemie in Tübingen beginnt mit den Worten: „Bis jetzt war es unmöglich, Gärungsaktivität von lebenden Hefezellen zu trennen; im Folgenden wird ein Verfahren beschrieben, das dieses Problem löst." 1907 wurde BUCHNER für seine Entdeckung mit dem Nobelpreis geehrt.

M7 Bäckerhefe kann Glycerin produzieren

PASTEUR hatte beobachtet, dass bei der alkoholischen Gärung gewöhnlich auch geringe Mengen Glycerin entstehen. NEUBERG entdeckte nun, dass bei Zugabe von Natriumhydrogensulfit zum Gäransatz die Bildung von Glycerin begünstigt wird, während die Ausbeute an Ethanol sinkt. Natriumhydrogensulfit bindet nämlich Acetaldehyd, sodass dieser nicht zu Ethanol reduziert werden kann. Diese modifizierte Gärung wird als 2. NEUBERGsche Vergärungsform bezeichnet.

$$C_6H_{12}O_6 + NaHSO_3 \longrightarrow C_3H_5(OH)_3 + CH_3CHOHSO_3Na + CO_2$$

Ab 1914 (Beginn des Ersten Weltkriegs) wurde in Deutschland die Glycerinproduktion durch Bäckerhefe industriell genutzt. In großen Fermentern stellte man monatlich bis zu 1000 Tonnen Glycerin her.

© 2005 Schroedel, Braunschweig

1. Informieren Sie sich im Schulbuch über die Energieausbeute bei der Veratmung beziehungsweise bei der Vergärung von Glucose! Erstellen Sie eine tabellarische Übersicht pro Molekül Glucose! Erläutern Sie, welche Auswirkung unterschiedliche Sauerstoffkonzentrationen auf die Energieausbeute haben!
2. Welche im 19. Jahrhundert gebräuchlichen Vorstellungen werden in M5 deutlich? Wodurch waren die Schwierigkeiten, die Vorgänge zu erklären, bedingt?
3. Erläutern Sie, inwiefern die Entdeckung von BUCHNER (M6) als die Geburtsstunde der Biochemie angesehen wird!
4. Begründen Sie den in M7 angesprochenen Zusammenhang zwischen Kriegsbeginn und Fortschritten in der Biotechnologie!

Bäckerhefe – bevorzugtes Objekt der Genetiker

M1 EM-Bild einer Zelle der Bäckerhefe (Schema)

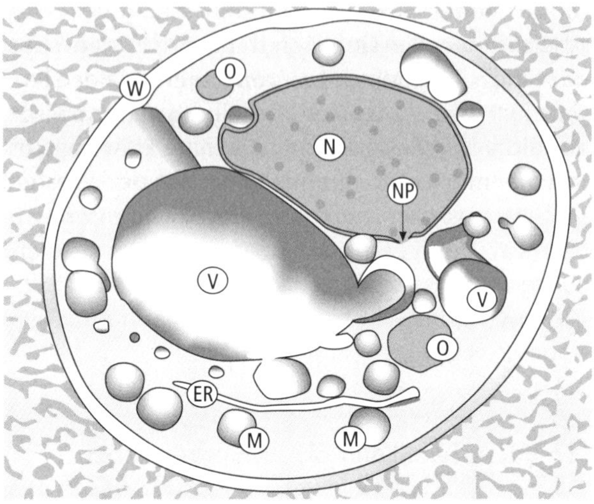

M2 Asexuelle Vermehrung

Hefezellen können sich asexuell durch mitotische Zellteilungen vermehren. Diese vollzieht sich nicht durch einfache Teilung einer großen Zelle in zwei gleichgroße Hälften, sondern vielmehr durch Sprossung. Dabei wächst eine kleinere Tochterzelle an einer bestimmten Stelle der Mutterzelle heraus. Nach der Trennung von Mutter und Tochter bleibt auf der Zellwand der Mutterzelle eine „Geburtsnarbe" übrig. Alte Mutterzellen, die bereits viele Sprossungen hinter sich haben, tragen 20 bis 30 solcher Narben. Diese behindern die Diffusion von Nährstoffen durch die Zellwand. Dadurch wird die Versorgung der alten Zelle mit Substraten immer schwieriger. Unter günstigen Bedingungen teilen sich Hefezellen alle 90 Minuten, sodass eine einzelne Zelle innerhalb eines Tages zu einer mit dem bloßen Auge sichtbaren Kolonie auswächst.

M3 Sexuelle Vermehrung

Seit 1943 weiß man, dass es bei der Bäckerhefe zwei „Geschlechter", oder richtiger Paarungstypen, gibt, die man als α beziehungsweise a bezeichnet. Es zeigte sich, dass ein einziger Genort, der *MAT*-Locus (engl. *mating,* Paarung), für das spezifische Paarungsverhalten verantwortlich ist. Die Genorte *MATa* beziehungsweise *MAT*α codieren für kleine regulatorische Proteine. Diese binden an der DNA und schalten so verschiedene Strukturgene an oder ab, die für a- oder α-Verhalten erforderlich sind.

Die gegenseitige Erkennung von a- und α-Zellen erfolgt mithilfe von Lockstoffen (a-Faktor beziehungsweise α-Faktor), kleinen Peptiden, die von den Zellen ausgeschieden werden. Bei Begegnung von Zellen unterschiedlichen Paarungstyps kommt es innerhalb weniger Minuten zur Aktivierung eines Paarungsprogramms: Der Zellzyklus wird gestoppt und die Synthese von Stoffen in Gang gesetzt, die für die Zell- und Kernfusion wichtig sind. Die Zellen verändern auch ihr Aussehen, sie werden birnenförmig. Nach etwa zwei Stunden erfolgt die Konjugation: Die haploiden Zellen verschmelzen zu einer hantelförmigen Zygote, an deren zentraler Einschnürung sofort eine diploide Tochterzelle sprosst. Diese diploiden Zellen können sich unter günstigen Bedingungen unbegrenzt asexuell vermehren.
Unter Hungerbedingungen erfolgt nach einer Meiose die Bildung von vier haploiden Sporen; die Mutterzelle wird zum Sporenschlauch (Ascus). Jeweils zwei dieser Sporen sind vom Typ a, die beiden anderen vom Typ α.

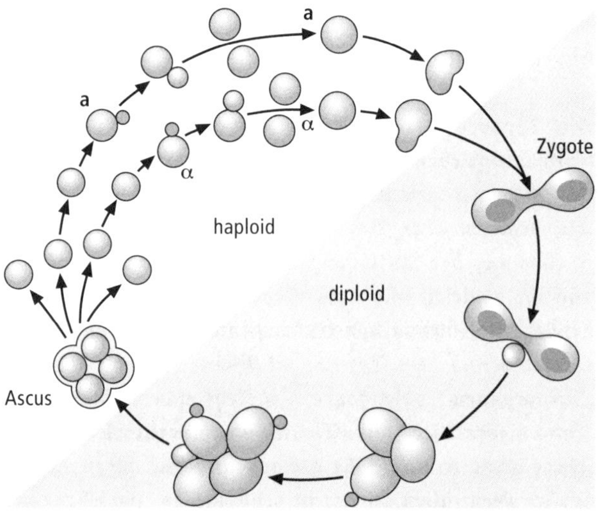

Behandelt man die Asci mit Zellwand verdauenden Enzymen und vereinzelt die vier Sporen, so keimen sie zu haploiden Zellen aus und vermehren sich unbegrenzt asexuell. Lässt man dagegen den Ascus intakt, so keimen die Sporen ebenfalls zu haploiden Zellen aus. Weil aber beide Paarungstypen dicht nebeneinander vorliegen, kommt es bald wieder zu Konjugationen und damit zu diploiden Zellen. Das Besondere an diesem Verfahren besteht also darin, dass der Genetiker nach Bedarf haploide oder diploide Hefezellen produzieren kann.

© 2005 Schroedel, Braunschweig

M4 Größe und Bestandteile einer Hefezelle

	haploid	diploid
Volumen (µm³)	70	120
Bestandteile (10^{-12}g)		
Nassgewicht	60	80
Trockengewicht	15	20
DNA	0,017	0,034
RNA	1,2	1,9
Proteine	6	8

M5 Das Genom der Bäckerhefe

Die gesamte DNA-Menge von etwa 14 Megabasen (Mb) pro haploider Hefezelle ist im Vergleich zu anderen Eukaryoten gering. Etwa 80 bis 85 Prozent entfallen auf 16 Chromosomen, die im Zellkern lokalisiert sind.

Neben der chromosomalen DNA findet man im Zellkern etwa 50 bis 60 Kopien des so genannten 2micron-Plasmids, das autonom repliziert wird. Seine Funktion ist bislang unbekannt. Daneben enthält eine Zelle der Bäckerhefe zwanzig bis fünfzig Kopien zirkulärer mitochondrialer DNA.

Die Bäckerhefe ist der erste Eukaryot, dessen Genom komplett sequenziert wurde. 6100 Gene wurden identifiziert und etwa zwei Drittel davon in ihrer Funktion charakterisiert.

M6 Komplementationsanalysen

Behandelt man Hefezellen mit einer mutationsauslösenden Substanz, einem Mutagen, so erhält man unter anderem viele Mutanten, die die Aminosäure Tryptophan nicht mehr herstellen können. Die Zahl dieser Mutanten ist dabei größer als die Anzahl der an der Tryptophansynthese beteiligten Gene.

Bei der Bäckerhefe ist es nun besonders einfach, zwei Mutanten mit dem gleichen Phänotyp „Tryptophan-Bedürftigkeit" daraufhin zu untersuchen, ob bei ihnen dasselbe Gen mutiert ist. Man paart dazu die beiden Mutanten, von denen eine den Paarungstyp a, die andere den Paarungstyp α besitzt, zur diploiden Zelle. Liegen die Mutationen in verschiedenen Genen, das heißt die Mutanten tragen die Allele *trp1* und *trp2,* so tritt der Mutanten-Phänotyp im diploiden Kreuzungsprodukt nicht mehr auf. Es hat eine so genannte *Komplementation* stattgefunden.

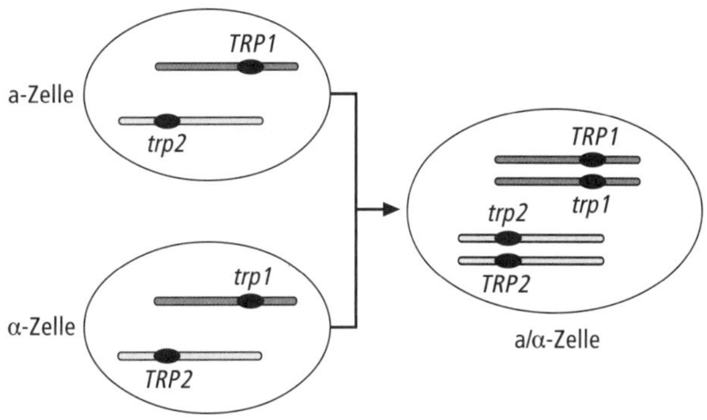

Sind beide Stämme Mutanten desselben Gens, besitzen also zum Beispiel das Allel *trp1,* so findet keine Komplementation statt: Die diploide Zelle ist Tryptophan-bedürftig.

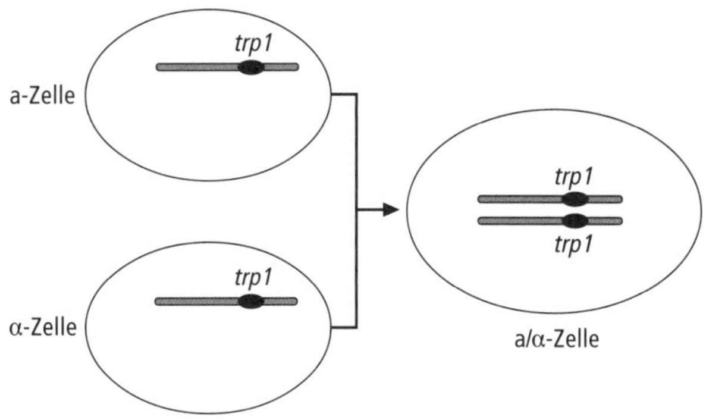

1. Ordnen Sie den Buchstaben in M1 Zellbestandteile zu! Nehmen Sie gegebenenfalls das Schulbuch zu Hilfe! Erklären Sie, warum Bäckerhefe zu den Eukaryoten gezählt wird!
2. Berechnen Sie die Anzahl von Hefezellen in einem Gramm Hefe!
3. Stellen Sie dar, welche Vorteile sich für die genetische Analyse daraus ergeben, dass die Hefezellen wahlweise haploid und diploid kultiviert werden können!
4. Skizzieren und erläutern Sie die Methode der Komplementation (M6), indem Sie begründet für die beteiligten Zellen angeben, auf welchem Nährmedium sie kultiviert, gekreuzt und getestet werden müssen! Erklären Sie, warum das Kreuzungsprodukt in dem einen Fall Tryptophan-bedürftig ist, im anderen nicht!

© 2005 Schroedel, Braunschweig

Transgene Bäckerhefe

M1 Transformation von Zellen der Bäckerhefe

Transformation bedeutet allgemein das Einbringen von Fremd-DNA in die Zelle und die anschließende Vererbung und Ausprägung dieses genetischen Materials.

Als Vektoren werden großenteils Plasmide (ringförmige DNA) verwendet. Damit diese mitotisch und meiotisch stabil sind, das heißt, bei den folgenden Zellteilungen nicht verloren gehen, müssen sie innerhalb der Zelle vervielfältigt werden. Dies wird bei Vektoren für Hefezellen zum Beispiel dadurch erreicht, dass die Plasmide die ARS-Sequenz (autonomous replicating sequence) des 2micron-Plasmids enthalten.

Hefezellen können nicht nur mit Plasmiden, sondern auch mit linearer DNA, wie sie beispielsweise bei der Polymerase-Kettenreaktion (PCR) entsteht, transformiert werden. Dazu müssen die linearen Fragmente Sequenzen enthalten, die zu entsprechenden Abschnitten im Genom der Hefe homolog sind. Dann kann das Fragment durch so genannte *homologe Rekombination* in das Genom integriert und so an Tochterzellen und Sporen weitergegeben werden.

Eine solche homologe Rekombination, bei der also die ursprüngliche DNA-Sequenz gegen die künstlich zugeführte ausgetauscht wird, erfolgt bei der Bäckerhefe wesentlich leichter als bei den meisten anderen Organismen.

Die Aufnahme der DNA in die Hefezellen wird durch verschiedene Techniken erreicht. Bei der Sphäroplastierungstechnik wird die Zellwand der Hefe durch entsprechende Enzyme abgebaut. Die Durchlässigkeit von Zellwand und Zellmembran kann aber auch durch Behandlung mit Lithiumacetat oder im elektrischen Feld erhöht werden.

M2 Identifizierung der transformierten Zellen

Um erkennen zu können, welche Zellen die Fremd-DNA aufgenommen haben, also transformiert wurden, wird diese mit einer Markierung versehen. Dazu wählt man beispielsweise ein Gen, dessen Genprodukt für die Bildung einer bestimmten Aminosäure notwendig ist. In den Zellen, die transformiert werden sollen, muss das betreffende Gen für diese Aminosäure mutiert sein.

M3 Isolierung eines Gens durch Mutantenkomplementation

Seit 1996 ist das Genom der Bäckerhefe entschlüsselt. Es existieren Genbanken, in denen das vollständige Genom fragmentiert in Bakterien oder Viren vorliegt. Aus dieser Genbank soll nun ein Gen für eine bestimmte Funktion isoliert werden, das heißt, es soll der Vektor gefunden werden, dessen DNA-Fragment das betreffende Gen enthält.

Dazu benötigt man zunächst eine Mutante, bei der diese Funktion gestört ist. Diese Mutante wird dann mit allen Fragmenten aus der Genbank transformiert. Findet man unter den transformierten Zellen solche, bei denen die Funktion wiederhergestellt (komplementiert) ist, so darf angenommen werden, dass diese eine DNA aufgenommen haben, die das gesuchte Gen enthält.

M4 Gezielte Mutation von Genen der Bäckerhefe (targeted gene-disruption)

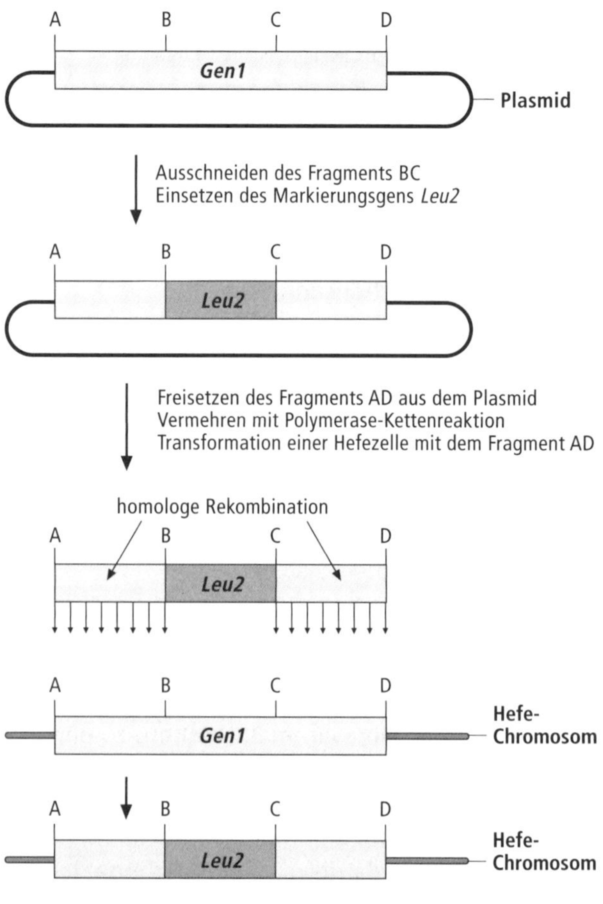

© 2005 Schroedel, Braunschweig

M5 Hefe und das Human Genome Project

52 von 170 Genen, deren Defekt für menschliche Erbkrankheiten verantwortlich ist (Forschungsstand von 2000), finden sich im Genom der Bäckerhefe. Ein Beispiel ist die so genannte FRIEDREICHsche Ataxie, eine rezessive Erbkrankheit, bei der das Nervensystem geschädigt ist. Das betreffende Gen wurde gefunden und sequenziert. Unabhängig davon fanden Forscher bei der Hefe eine Mutante, die auf einem Medium mit normalen Eisenkonzentrationen nicht wachsen konnte. Das bei der Hefe mutierte Gen glich in seiner Sequenz dem oben erwähnten. Ein Transformationsversuch ergab, dass der Defekt in der Hefe durch das menschliche Gen komplementiert wurde.
Damit war nachgewiesen, dass das Gen, dessen Mutation die FRIEDREICHsche Ataxie hervorruft, für ein Protein codiert, das im Eisenhaushalt der Zelle eine wichtige Rolle spielt.

M6 Insulin

Das Protein-Hormon Insulin besteht aus einer A-Kette mit 21 Aminosäuren und einer B-Kette mit 30 Aminosäuren. A- und B-Kette sind durch zwei Disulfid-Brücken verbunden. Zunächst wird in den Inselzellen der Bauchspeicheldrüse das einkettige Proinsulin gebildet. Vor der Ausschüttung schneiden dann Proteasen ein Teilstück – das so genannte C-Peptid – heraus, sodass aktives Insulin entsteht.
Zur Behandlung von Diabetes wurde zunächst ab 1923 tierisches Insulin verwendet. Seit 1982 wird Humaninsulin mithilfe von gentechnisch veränderter *Escherichia coli* produziert. Seit 1987 benutzt man transgene Hefe zur Herstellung von Humaninsulin.

M7 Hefe stellt Humaninsulin her

Die Abbildung zeigt einen Vektor aus dem Gen-Baukasten. Grundlage des Vektors ist ein bakterielles Plasmid. Die Sequenz ARS ist aus M1 bekannt. „*Leu*" ist eines der Hefe-Gene, die für die Herstellung der Aminosäure Leucin notwendig sind. „Pro" ist ein Promotor aus der Hefe und „Ter" eine Terminatorsequenz, bei der die Transkription endet.
„α" ist die Anfangssequenz des Gens für den α-Faktor. Es handelt sich dabei um die Signalsequenz, die bewirkt, dass der α-Faktor mit den daran hängenden Aminosäuresequenzen aus der Zelle ausgeschleust wird.
„PE", die Proteasen-Erkennungssequenz, ist die codierende Sequenz für eine Folge von Aminosäuren, an der eine in der Zellmembran sitzende Protease erkennt, dass ein durch die Zellmembran austretendes Protein an dieser Stelle geschnitten werden soll.
„Proinsulin-Gen" ist eine cDNA, die auf der Grundlage der mRNA für menschliches Proinsulin hergestellt wurde.
Wird eine Hefezelle mit diesem Vektor transformiert, so bildet sie menschliches Proinsulin und sondert es in die Nährlösung ab.

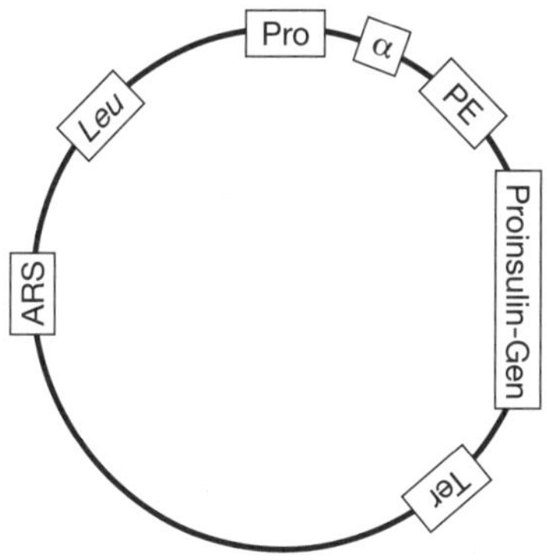

1. Wiederholen Sie im Schulbuch Methoden und Begriffe der Gentechnik (PCR, Vektor, Transformation, Genbank)!
2. Erklären Sie anhand von M2, wie man transformierte Zellen erkennt, wenn man als Markierung auf der Fremd-DNA das Gen *Leu* verwendet!
3. Erläutern Sie das Verfahren der targeted gene-disruption anhand der Abbildung M4! Stellen Sie die Bedeutung des Verfahrens für die Aufklärung der Funktion der Gene einer Genbank dar!
4. Stellen Sie dar, wie die Mutantenkomplementation bei der Aufklärung der FRIEDREICHschen Ataxie genutzt werden konnte (M1, M5)! Erläutern Sie die einzelnen Teilprozesse!
5. Beschreiben Sie schrittweise, was in einer Hefezelle abläuft, die mit dem in M7 abgebildeten Vektor transformiert wird! Gehen Sie dabei auf die Funktion der einzelnen Bestandteile des Vektors ein!

© 2005 Schroedel, Braunschweig

Lösungen

Vorwissen: Grundlagen der Dissimilation, der klassischen Genetik und der Gentechnik

Hefen – seit alters her Helfer des Menschen

1. Energiebilanz pro Molekül Glucose:

	aerober Aufbau	**Vergärung**
Glykolyse	2 ATP	2 ATP
oxidative Decarboxylierung		
Citratzyklus	2 ATP	
Atmungskette	etwa 28 ATP	
gesamt	**etwa 32 ATP**	**2 ATP**

   Bei der aeroben Dissimilation werden also etwa 32 Mol ATP pro Mol Glucose gewonnen, bei der Vergärung sind es nur zwei Mol ATP pro Mol Glucose. Die Gärung ist also wesentlich weniger effektiv. Wenn man eine gärende Hefekultur belüftet, das heißt mit viel Sauerstoff versorgt, so schaltet sie auf Atmung um. Da nun die Energieausbeute pro Mol Glucose um ein Vielfaches höher ist, kann sie trotz gesteigerter Vermehrung den Glucoseverbrauch senken.
2. M5 verdeutlicht, dass man im 19. Jahrhundert noch die Theorie einer Urzeugung vertrat, das heißt eine Entstehung kleinster Lebewesen aus unbelebter Materie für möglich hielt. Ursache für diese falschen Vorstellungen war wohl vor allem das Fehlen geeigneter Mikroskope sowie der Möglichkeit, unter sterilen Bedingungen zu experimentieren.
3. Bis zu BUCHNERS Entdeckung galt als sicher, dass die Prozesse in Lebewesen sich grundsätzlich von den im Reagenzglas zu beobachtenden unterscheiden und nicht losgelöst von der Struktur des Organismus ablaufen. Durch seine Entdeckung wurde dieser Unterschied aufgehoben. Es machte nun Sinn, die in den Organismen ablaufenden biochemischen Prozesse im Labor mit den Methoden der Chemie zu untersuchen.
4. Kriege machen häufig den Nachschub an Rohstoffen aus anderen Teilen der Erde unmöglich. Dadurch gewinnen Verfahren an Interesse, die bis dahin zum Beispiel aus Kostengründen nicht in Betracht gezogen wurden.

Bäckerhefe – bevorzugtes Objekt der Genetiker

1. N Nucleus (Zellkern); NP Kernpore; V Vakuole; M Mitochondrium; ER Endoplasmatisches Retikulum; O Oleosom; W Zellwand
   Bäckerhefe ist ein Eukaryot, da membranumhüllte Organellen wie Zellkern und Mitochondrien existieren.
2. Bei haploiden Zellen sind in einem Gramm Hefe etwa 16,7 Milliarden Hefezellen, bei diploiden Zellen sind es etwa 12,5 Milliarden.
3. Der haploide Status erlaubt es Genetikern, ähnlich einfach wie bei Bakterien Mutanten, etwa solche, die zu ihrem Wachstum eine bestimmte Aminosäure benötigen, zu isolieren. Diploide Hefezellen ermöglichen beispielsweise Komplementationsanalysen.
4. Da beide zu analysierenden Linien Tryptophan-bedürftig sind, kann Kultur und Kreuzung nur auf einem Medium stattfinden, dem die Aminosäure Tryptophan zugefügt wurde. Anschließend müssen die Zellen – einschließlich etwa vorhandener diploider Zellen – auf ein Medium ohne Tryptophan übertragen werden. Wachsen dort Zellen, so müssen diese Ergebnis einer Komplementation sein: Sie tragen von den beiden unterschiedlichen Tryptophan-Genen, in denen die Ausgangsstämme mutiert waren, jeweils ein mutiertes Allel und ein Wildallel. Wachsen auf dem Medium ohne Tryptophan keine Zellen, so sind die diploiden Zellen immer noch Tryptophan-bedürftig, das heißt, die beiden Ausgangsstämme waren im gleichen Tryptophan-Gen mutiert.

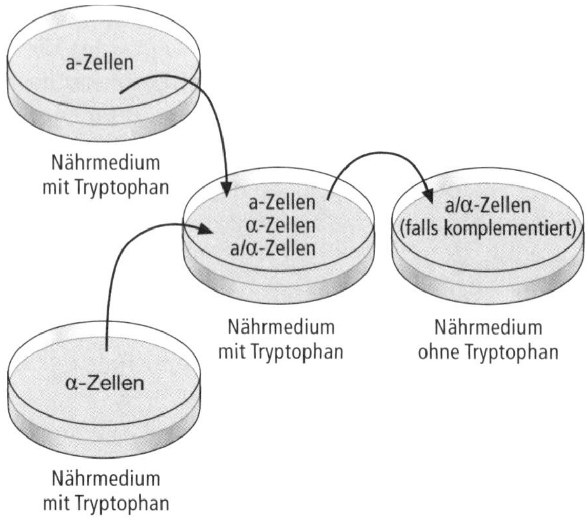

Transgene Bäckerhefe

1. –
2. Die zu transformierenden Zellen werden, da sie im Gen *Leu* mutiert sind, auf einem Medium kultiviert, das Leucin enthält. Nach dem Transformationsexperiment werden nun die Zellen auf ein Medium ohne Leucin übertragen. Wenn sich dort Kolonien entwickeln, so müssen diese das Gen *Leu* enthalten, also transformiert sein.
3. Will man in Hefezellen das Gen1 gezielt mutieren, so schneidet man aus dem Gen1 der Hefe, das in einem Plasmid integriert in einer Genbank vorliegt, einen Abschnitt aus und ersetzt ihn durch ein Markierungsgen, beispielsweise durch *Leu2*. Das Gen1 ist damit nicht mehr funktionsfähig. Das DNA-Fragment mit dem unterbrochenen Gen1 wird nun durch PCR vermehrt und in haploide Hefezellen eingeschleust, die in *Leu2* mutiert sind. Dort wird es durch homologe Rekombination in das Genom eingebaut und ersetzt dabei das intakte Gen1. Die erfolgreiche Transformation ist daran zu erkennen, dass Nachkommen der behandelten Zellen imstande sind, auf Medium ohne Leucin zu wachsen. Diese Zellen sind in Gen1 mutiert.
   Gezielt mutierte Zellen ermöglichen durch Komplementation dieser Zellen mit einer Genbank die DNA-Fragmente herauszufinden, die dieses Gen enthalten. Eine andere Möglichkeit besteht darin, dass man ein DNA-Stück unbekannter Funktion durch ein Markierungsgen unterbricht und dann mit dem Fragment haploide Hefezellen transformiert. Tritt bei den transformierten Zellen ein bestimmter Defekt auf, so besteht ein Zusammenhang zwischen einem Gen auf dem DNA-Fragment und der gestörten Funktion.

4. Das Gen, dessen Mutation zur FRIEDREICHschen Ataxie führt, liegt auf einem DNA-Fragment vor. Dieses Fragment wird mittels PCR vermehrt. In einem Transformationsexperiment mit haploiden Hefezellen eines Stammes, der auf Medien mit normalem Eisengehalt nicht wächst, werden diese DNA-Fragmente verwendet. Da das menschliche Gen dem für den Eisenhaushalt der Hefe verantwortlichen Gen in seiner Sequenz gleicht, kann das Fragment durch homologe Rekombination in das Genom der Hefezelle integriert werden. Zum Nachweis einer erfolgreichen Transformation werden die behandelten Hefezellen auf ein normales Medium übertragen.
Wenn sie sich dort vermehren, ist gesichert, dass ihr Defekt komplementiert wurde. Das menschliche Gen kann also den Eisenhaushalt der Hefezelle kontrollieren, hat also vermutlich im Menschen eine ähnliche Funktion.

5. Da die Sequenz „ARS“ auf dem Plasmid vorliegt, wird es in der Hefezelle vermehrt, geht also bei der Zellteilung der Hefe nicht verloren. Wegen des Hefe-Promotors „Pro“ wird das Konstrukt aus „α“, „PE“ und dem Proinsulin-Gen bis zur Terminatorsequenz „Ter“ abgelesen und in ein Protein translatiert. Da dieses Protein die Anfangssequenz „α“ besitzt, wird es – wie der α-Faktor – aus der Zelle ausgeschleust. Beim Durchdringen der Zellmembran erkennt nun eine dort vorhandene Protease die Sequenz „PE“ und schneidet das Protein an dieser Stelle. Somit wird das Produkt des Proinsulin-Gens, also Proinsulin, in reiner Form ins Medium abgegeben.

Biotechnologie in der Pflanzenzüchtung – Zell- und Gewebekulturen

M1 Regeneration vollständiger Pflanzen aus Protoplasten

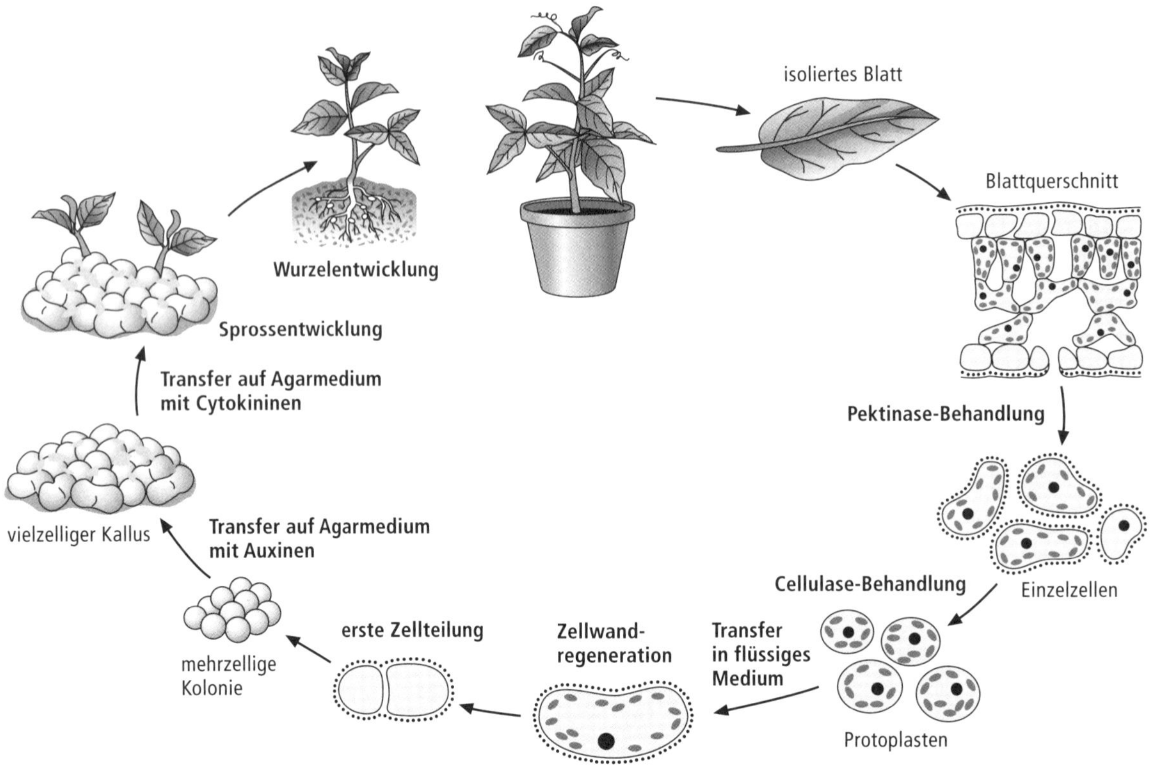

M2 Aus einzelnen Zellen werden komplette Pflanzen

Kultiviert man Teile von Blättern, Sprossen oder auch Wurzeln auf Kulturmedien, die in hohen Konzentrationen Auxine enthalten, so beginnen die Zellen zu wuchern. Es bilden sich so genannte *Kallusse,* meist farblose Zellhaufen aus undifferenzierten Zellen. Überführt man einen Kallus in ein flüssiges Medium und kultiviert ihn unter ständigem Schütteln, so entsteht eine Zellsuspensionskultur aus Einzelzellen und wenigzelligen Zellaggregaten. Bringt man einen Kallus auf ein Kulturmedium, das Cytokinine enthält, so wird die Entwicklung von Wurzeln und Sprossen induziert: Es bilden sich komplette Pflanzen.

M3 Selektion in Zell- und Gewebekulturen

Bei den Mitosen in einer Zell- oder Gewebekultur treten spontan sowohl Chromosomen- als auch Genmutationen auf. Durch den Einsatz von mutationsauslösenden Substanzen (Mutagenen) kann die Mutationsrate noch gesteigert werden. Man kann also unter den aus einer solchen Kultur herangezogenen Pflanzen unterschiedliche Phänotypen erwarten, vor allem Stoffwechselmutanten.

Dies wird ausgenutzt, um Pflanzen zu finden, die gegen bestimmte Stressfaktoren wie Parasiten, Kälte, Hitze, Trockenheit oder auch gegen Herbizide resistent sind. Zellen, die in der In-vitro-Kultur die Belastung überleben, können anschließend zu vollständigen Pflanzen regeneriert werden.

M4 Antherenkultur

Entnimmt man einer Blüte Antheren (Staubblätter) und kultiviert sie auf geeignetem Kulturmedium, so können sich aus Pollenzellen vollständige Pflanzen entwickeln. Diese sind haploid und somit steril. Durch Behandlung sich teilender Zellen dieser Pflanzen mit Colchicin, dem Gift der Herbstzeitlosen, das die Mitose verhindert, können diploide Zellen und schließlich diploide Pflanzen entstehen. Diese so genannten *dihaploiden* Pflanzen sind fertil und in all ihren Genen homozygot.

© 2005 Schroedel, Braunschweig

M5 Transformation von Protoplasten

Durch Behandlung mit Chemikalien wie Polyethylenglykol, die die Zellmembran destabilisieren, können Protoplasten veranlasst werden, dem Kulturmedium zugesetzte freie DNA aufzunehmen und in das Genom einzubauen (Transformation). Auch kurze elektrische Impulse führen zum gleichen Ergebnis.

M6 Protoplastenfusion

Schon bei der Entstehung des Kulturweizens vor Tausenden von Jahren spielte die Kreuzung von Pflanzen unterschiedlicher Arten eine wichtige Rolle. Auch die heutigen Pflanzenzüchter sind an Arthybriden interessiert. Um die bei der Erzeugung von *genetischen Hybriden* auftretenden Schwierigkeiten zu umgehen, war schon 1910 die Idee einer Fusion von Protoplasten aufgetaucht. Es gelang aber erstmals 1973, Protoplasten unterschiedlicher Herkunft mithilfe bestimmter Chemikalien zur Fusion zu bringen und diese Hybridprotoplasten zu Pflanzen, so genannten *somatischen Hybriden,* zu regenerieren. Heute wird die Elektrofusion bevorzugt, bei der die Protoplasten zunächst in einem Wechselstromfeld zu engem Membrankontakt gebracht und dann für wenige Millisekunden mit Gleichstromimpulsen hoher Intensität behandelt werden. Falls es unerwünscht ist, dass die Hybridprotoplasten tetraploid sind, müssen vorher haploide „Elternpflanzen" erzeugt werden.

M7 Identifizierung der Hybridprotoplasten

In einer Protoplastenkultur, die man einer Fusionsprozedur unterzogen hat, befinden sich nur einige der gewünschten Hybridprotoplasten. Eine Möglichkeit ihrer Identifizierung besteht darin, von einer „Elternpflanze" chlorophyllhaltige Zellen, von der anderen chlorophyllfreie zu verwenden, und dann die zur Hälfte grünen Protoplasten unter dem Mikroskop zu isolieren.
Einfacher ist die Identifizierung, wenn beide Ausgangsprotoplasten eine Resistenz gegen unterschiedliche Antibiotika besitzen.

M8 Somatische Hybriden

Häufig gehen während der Regeneration der Hybridprotoplasten Chromosomen verloren, sodass die somatischen Hybriden oft neben dem kompletten Chromosomensatz des einen „Elters" nur einzelne Chromosomen des anderen „Elters" enthalten. Diese Hybriden werden als asymmetrisch bezeichnet. Sie sind nur eingeschränkt oder gar nicht fertil und sind für die Zucht nicht verwertbar.

M9 Gezielte asymmetrische Hybridisierung

Behandelt man vor der Fusion eine der beiden Protoplastenkulturen mit Röntgen- oder Gammastrahlen, so werden dadurch die Zellkerne zerstört. Nach erfolgreicher Fusion der behandelten und unbehandelten Protoplasten enthalten dann die somatischen Hybriden neben dem Genom eines der „Eltern" zusätzlich nur die Genomanteile aus den Mitochondrien und Chloroplasten des anderen Partners. Dies ist von Bedeutung, da die für manche Züchtungsvorhaben wichtige männliche Sterilität über die Mitochondrien vererbt wird, und in die DNA der Chloroplasten Resistenzgene eingebaut werden konnten.

1. Vergleichen Sie die in M1 und M2 dargestellten Methoden!
2. Die Suche nach Mutanten in einer Zellkultur (M3) ist besonders erfolgversprechend, wenn es sich um haploide Zellen handelt. Auch die Transformation von Protoplasten (M5) wird bevorzugt mit haploiden Protoplasten durchgeführt. Erläutern Sie!
3. Stellen Sie auf der Grundlage von M2 den Weg von einer Pollenzelle zu einer kompletten Pflanze dar! Erläutern Sie die besondere Bedeutung dihaploider Pflanzen als Zuchtmaterial (M4)!
4. Beschreiben Sie, wie man vorgehen muss, um bei vorliegender unterschiedlicher Resistenz (M7) die Hybridprotoplasten zu identifizieren!
5. Anders als bei der Züchtung von Getreide spielen die Probleme somatischer Hybriden bei der Züchtung von Kartoffeln keine Rolle. Begründen Sie!
6. Erläutern Sie, warum die gezielte asymmetrische Hybridisierung (M9) besonders bei der Fusion von Protoplasten nicht verwandter Pflanzen eingesetzt wird!

© 2005 Schroedel, Braunschweig

Methoden des Gentransfers

M1 *Agrobacterium tumefaciens*

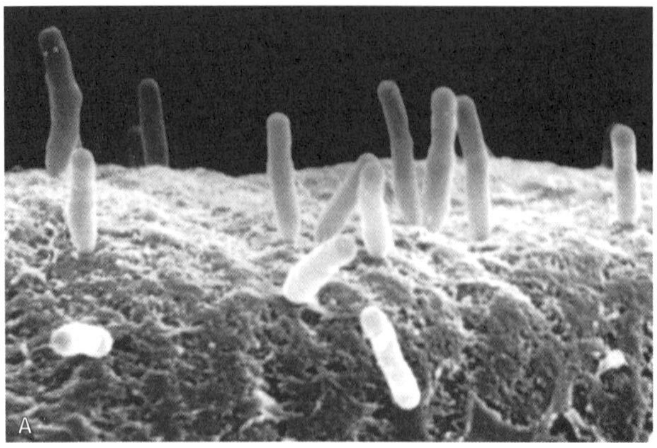

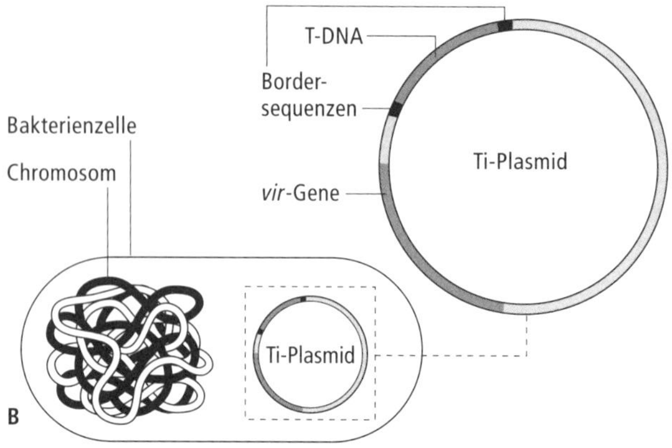

A REM-Bild; B Schema der Bakterienzelle und Aufbau des Ti-Plasmids

M2 Ein Bakterium betreibt Genmanipulation

Das Bodenbakterium *Agrobacterium tumefaciens* ist für die Entstehung von Wurzelhalsgallen an Pflanzen verantwortlich. Es besitzt einen DNA-Ring, der wegen seiner **T**umor **i**nduzierenden Wirkung als Ti-Plasmid bezeichnet wird. Stoffe, die von verletzten Pflanzen ausgeschieden werden, locken die Bakterien an und aktivieren die Virulenzgene (*vir*) des Plasmids. Die dadurch gebildeten Enzyme bewirken, dass ein Einzelstrang der T-DNA, eines speziellen Abschnitts des Ti-Plasmids, ausgeschnitten und in die Pflanzenzellen eingeschleust wird. Dort wird der Einzelstrang zum Doppelstrang ergänzt und in ein Chromosom integriert. Dadurch wird die Pflanzenzelle umprogrammiert: Die auf der T-DNA codierten Enzyme synthetisieren Wachstumshormone, die zur Wucherung des Gewebes führen, und Opine, spezielle Nährstoffe für die Agrobakterien.

M3 Das Ti-Plasmid als trojanisches Pferd

Genetiker entfernten bei *Agrobacterium tumefaciens* aus dem Ti-Plasmid die T-DNA einschließlich der sie begrenzenden Bordersequenzen. Damit war das *Agrobacterium* „entschärft". Außerdem konstruierten sie ein zweites Plasmid, dem die *vir*-Gene fehlen und das zwischen den Bordersequenzen statt der T-DNA ein für die Forscher interessantes Gen und zusätzlich ein Gen für die Resistenz gegen ein Antibiotikum enthält. Dieses rekombinante Plasmid wurde dann zusätzlich in die „entschärften" Agrobakterien eingebracht.

Wird nun eine geeignete Pflanze mit diesen Bakterien infiziert, so wird eine Kopie des von den Bordersequenzen begrenzten Plasmidbereichs in die Pflanzenzellen eingeschleust. Anschließend können Fremdgen und Resistenzgen in das Genom der Pflanze integriert werden.

M4 Gentransfer mit *Agrobacterium tumefaciens*

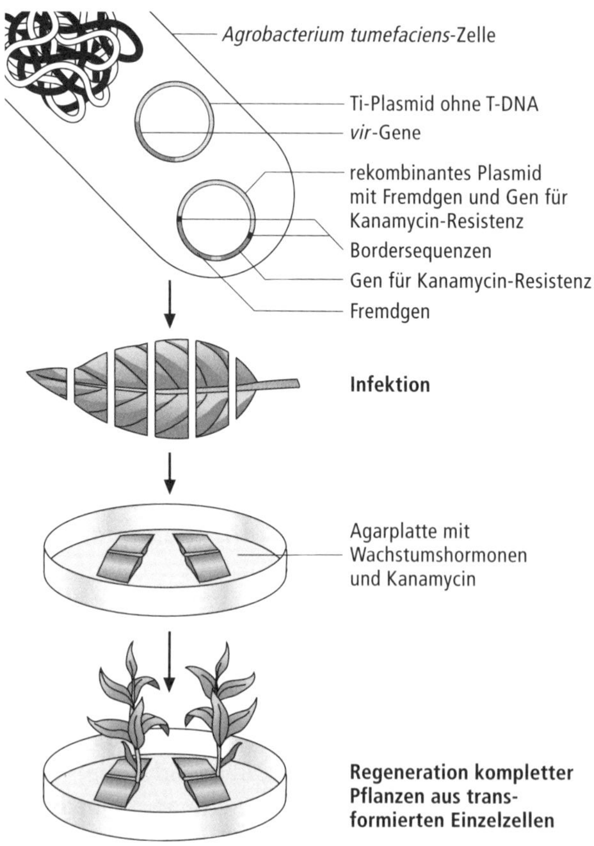

© 2005 Schroedel, Braunschweig

M5 Grenzen des Gentransfers mit *Agrobacterium tumefaciens*

Agrobacterium tumefaciens ist wegen seines breiten Wirtsspektrums – es befällt mehr als sechzig Prozent aller zweikeimblättrigen Pflanzen und auch einige einkeimblättrige Pflanzen – das wichtigste Werkzeug bei der Übertragung von fremden Genen in eine Pflanzenzelle. Allerdings ist es nach wie vor schwierig, Gräser, und damit Getreidearten wie Reis, Weizen, Roggen und Gerste, mithilfe dieses Mikroorganismus zu verändern.

M6 Die Genkanone

Ein wirksames Verfahren des Gentransfers, das auch bei Gräsern eingesetzt werden kann, ist die *biolistische* Methode (biolistic = **bio**logical + bal**listic**), der Beschuss von pflanzlichem Gewebe oder einzelnen Zellen mit winzigen Partikeln aus Gold oder Wolfram, auf die man DNA aufgebracht hat. Diese Partikel sind etwa ein bis zwei Mikrometer groß. Das Gerät, mit dem die Teilchen abgeschossen werden, heißt *Genkanone* oder *particle gun,* weil in den Anfängen dieser Methode mit Schießpulver und umgebauten Gaspistolen gearbeitet wurde. Heute dient vorwiegend unter hohem Druck stehendes Helium zur Beschleunigung der Teilchen. Diese durchbohren die Zellwände und die Zellmembranen. Die DNA löst sich im Zellinneren von den Transportpartikeln ab und wird eventuell in das Erbgut des Zellkerns oder auch der Plastiden eingebaut. Trotz unvermeidlicher Verletzung können sich unter günstigen Bedingungen einzelne transformierte Zellen zu kleinen Pflanzen weiterentwickeln.

M7 Schema einer Helium-Genkanone

A Eine Plastikscheibe, die bei einem bestimmten Druck bricht *(rupture disk),* verschließt das Helium-Druck-Rohr. Die mit DNA beschichteten Gold- oder Wolframpartikel sind auf der Unterseite einer zweiten Plastikscheibe *(flying disk)* aufgebracht. Ein Metallgitter *(stopping screen)* bestimmt die Flugweite der flying disk.

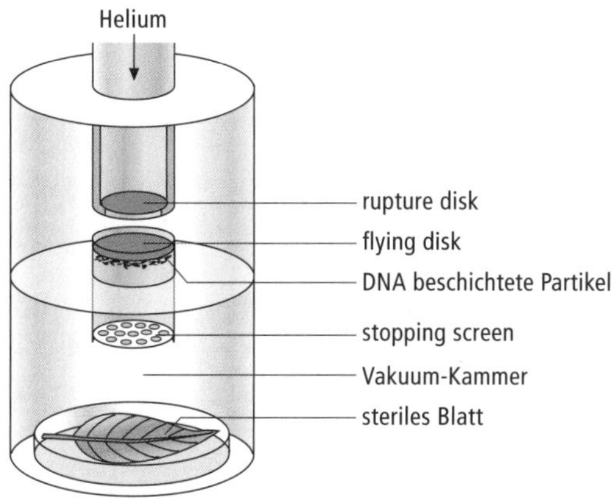

A

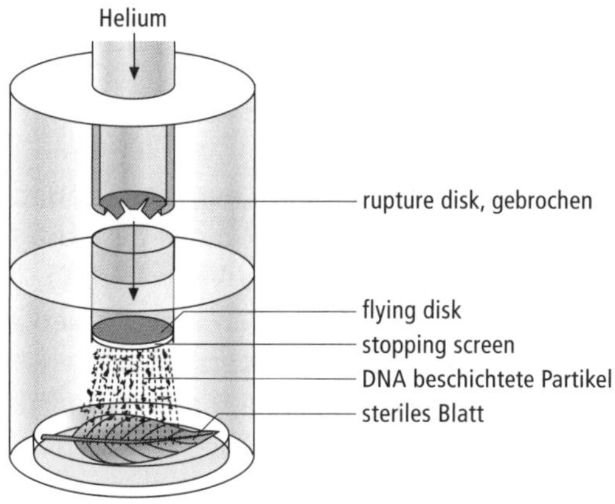

B

B Die rupture disk bricht, wenn der Gasdruck den kritischen Wert der Scheibe erreicht. Die flying disk wird beschleunigt und dann vom Metallgitter gestoppt. Die DNA-beschichteten Partikel lösen sich von der Scheibe, fliegen mit hoher Geschwindigkeit durch das Gitter und dringen in das Zielgewebe ein.

1. Benennen Sie die Funktion der verschiedenen Bereiche des Ti-Plasmids (M1, M2)!
2. Untersuchen Sie die Berechtigung der Überschrift von M2!
3. Erläutern Sie, warum *Agrobacterium* in M3 als „entschärft" bezeichnet wird!
4. Listen Sie mithilfe von M3 und M4 die einzelnen Schritte bei der Umrüstung des Agrobakteriums für den gezielten Gentransfer auf! Begründen Sie die zusätzliche Übertragung eines Resistenzgens! Stellen Sie dar, warum dies von vielen Menschen kritisch gesehen wird!
5. Begründen Sie über einen Vergleich der beiden Methoden (M3, M7), warum man mit der Genkanone, nicht aber mit *Agrobacterium tumefaciens,* Plastiden transformieren kann!

© 2005 Schroedel, Braunschweig

Transgene Nutzpflanzen

M1 Antisense-Repression

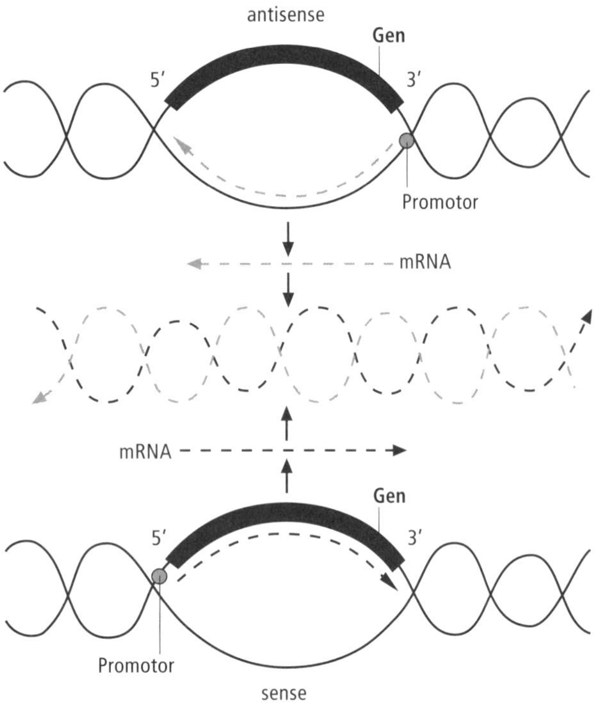

M2 Die Anti-Matsch-Tomate

Tomaten sind weltweit eine der meist angebauten Gemüsesorten. 1993 kamen mehr als acht Megatonnen Tomaten auf den Markt. In Europa werden sie vor allem in Holland, Italien und Spanien produziert und legen bis zum Verbraucher weite Wege zurück. Nun überstehen reife Tomaten solche Transporte nicht. Daher werden sie vorwiegend grün geerntet, gekühlt transportiert und erst am Bestimmungsort durch Begasung mit Ethylen nachgereift. Durch diese Behandlung erhalten die Tomaten zwar rasch die gewünschte rote Farbe; in Geschmack und Vitamingehalt sind sie aber mit sonnengereiften Früchten nicht vergleichbar. Angestrebt wurde daher, eine Tomate zu züchten, die am Stock reift aber so fest bleibt, dass sie unbeschadet transportiert werden kann.

Die Reifungsprozesse von Obst und Gemüse werden durch von den Pflanzen produziertes Ethylen ausgelöst. Dabei wird unter anderem in manchen Früchten, zum Beispiel in Tomaten, das Enzym Polygalacturonase gebildet.

Dieses Enzym zersetzt Pektin, einen Bestandteil der Zellwand. Dadurch wird die Mittellamelle aufgelöst und die Zellen verlieren ihren Zusammenhalt: Die Tomate wird matschig.

1988 wurde eine Methode entwickelt, die Bildung der Polygalacturonase weitgehend zu unterbinden. Dabei bediente man sich der *Antisense-Repression:* Man isolierte das Gen für die Polygalacturonase aus der Tomate, setzte es in umgekehrter Richtung (antisense) hinter einen starken pflanzlichen Promotor und schleuste das Konstrukt mittels *Agrobacterium tumefaciens* in Tomatenpflanzen ein. Beim Reifen der Tomaten werden nun das natürliche (Sense-) und das Antisense-Gen aktiviert. Die dabei entstehenden mRNAs sind zueinander komplementär, sodass sie sich zu einem RNA-Doppelstrang vereinigen können. Dadurch wird die Expression des Gens für die Polygalacturonase verhindert (*gene silencing*), indem zwar nicht die Transkription, wohl aber die Translation unterbunden wird.

Man führte dies zunächst darauf zurück, dass doppelsträngige RNA nicht an ein Ribosom binden kann und daher die Translation unterbleibt. Heute nimmt man an, dass die so genannte RNA-Interferenz (RNAi) für den Effekt verantwortlich ist. Diese zelluläre Kontrollinstanz sorgt dafür, dass doppelsträngige RNA von einem speziellen Enzym in kurze Stücke geschnitten wird. Diese Stücke werden in Einzelstränge aufgetrennt. Jeweils einer dieser Einzelstränge verbindet sich mit einem Protein und wird dann dazu genutzt, andere mRNA mit komplementärer Sequenz zu identifizieren und zu zerstören.

1994 kam die „Anti-Matsch-Tomate" als erstes gentechnisch verändertes Gemüse unter dem Markennamen Flavr Savr® auf den Markt.

M3 Pilzresistenz durch kontrollierten Zelltod

Die durch den Pilz *Phytophthora infestans* hervorgerufene Kraut- und Knollenfäule ist die schadenträchtigste Erkrankung der Kartoffel. In feuchten Sommern liegen die Ertragsausfälle oft über 20 Prozent, trotz der bis zu 16-mal in einer Vegetationsperiode durchgeführten Behandlung der Pflanzen mit Fungiziden. Die dafür anfallenden Kosten betragen pro Hektar jährlich etwa 150 Euro.

Versuche, durch traditionelle Züchtungsmethoden die *Phytophthora*-Resistenz von Wildkartoffeln in Kultursorten einzukreuzen, haben noch nicht zum gewünschten Erfolg geführt.

Ein neuer gentechnischer Ansatz wird seit Mitte der 90er Jahre erprobt. Damals erforschten Wissenschaftler das Abwehrverhalten von Kartoffelpflanzen nach Pilzbefall.

© 2005 Schroedel, Braunschweig

Sie isolierten einen Promotor *(gst1),* der nach Infektion mit dem Pilz spezifische Genaktivierung vermittelt. Sie kombinierten diesen Promotor mit dem Gen *barnase* aus dem Bodenbakterium *Bacillus amyloliquefaciens,* das für die Ribonuclease Barnase codiert, von der wenige Moleküle ausreichen, um eine Zelle abzutöten. Das Konstrukt *gst1-barnase* wurde mittels Agrobakterien in Kartoffelpflanzen eingeschleust.
Infizierte man die transgenen Pflanzen mit *Phytophthora,* so starben die Zellen an der Infektionsstelle ab. Die toten Zellen stellten eine wirksame Barriere für den Pilz dar; er konnte sich nicht oder nur wesentlich langsamer ausbreiten.
Allerdings zeigte das Gen *barnase* in den Kartoffelpflanzen auch bei fehlender Infektion eine geringe Aktivität. Um Zellschädigung durch die Barnase zu vermeiden, wurde ein zweites Genkonstrukt eingeschleust. Es bestand aus dem Gen *barstar* (ebenfalls aus *Bacillus amyloliquefaciens*) und einem in Pflanzen ständig aktiven Promotor aus dem Blumenkohl-Mosaikvirus (CaMV-35S). Das Gen *barstar* codiert für Barstar, einen Inhibitor der Barnase.
Derzeit werden transgene Kartoffeln mit dem Barnase/Barstar-Zweikomponentensystem im Freiland getestet.

M4 Bt-Mais schützt sich selbst vor der Zünslerlarve

Mais ist knapp vor Weizen und Reis die weltweit am häufigsten angebaute Getreidepflanze. Mais wurde 2002 insgesamt auf etwa 137 Millionen Hektar Ackerfläche angebaut mit einer Erntemenge von knapp 600 Megatonnen.
Der Maiszünsler *Ostrinia nubialis,* ein Schmetterling, ist einer der gefürchtetsten Schädlinge im Maisanbau. Seine Larven vernichten jährlich etwa sieben Prozent der Maisernte, das heißt 42 Megatonnen Getreide. (Zum Vergleich: Damit ließe sich die Cheopspyramide 17-mal füllen.) Nach dem Schlüpfen bohrt sich die Zünslerlarve in den Stängel der Maispflanze und frisst sich bis zu ihrer Verpuppung durch die Pflanze hindurch. Mit chemischen Pflanzenschutzmitteln kann die Larve daher nur vor dem Einbohren bekämpft werden. Eine biologische Bekämpfung des Maiszünslers mit der Schlupfwespe *Trichogramma* ist zwar möglich, aber teuer, arbeitsintensiv und im Erfolg stark von der Witterung abhängig.

Das Bodenbakterium *Bacillus thuringiensis* produziert ein Gift, das Bt-Toxin, das auf bestimmte Insektenlarven tödlich wirkt. Wenn die Bakterien mit der Nahrung in den Darm gelangen, wird das Toxin gespalten und dabei in seine aktive Form überführt, die eine Zerstörung des Darmepithels verursacht. Schon seit etwa 40 Jahren wird das Bt-Toxin oder das Bakterium selbst von Gemüse- und Obstbauern zur Schädlingsbekämpfung eingesetzt, vor allem im ökologischen Landbau. Nun haben Genetiker das Gen für das Bt-Toxin so modifiziert, dass es von Pflanzen exprimiert wird. Anschließend wurde es in Maispflanzen eingeschleust. Frisst die Zünslerlarve von diesem so genannten Bt-Mais, so stirbt sie.
In Europa wird Bt-Mais derzeit nur in Spanien auf etwa 25 000 Hektar (vier bis fünf Prozent der Mais-Anbaufläche) angebaut. Die Erfahrungen sind positiv: In Regionen mit starkem Maiszünslerbefall erbrachte Bt-Mais gegenüber konventionellen Sorten einen Mehrertrag von drei bis zwölf Prozent. In den USA wurde 2002 Mais auf etwa 10 Millionen Hektar angebaut. Der Anteil von Bt-Mais betrug dabei 22 Prozent. Bei den transgenen Sorten wurde eine Ertragssteigerung von etwa sechs Prozent ermittelt.
Vorbehalte gegenüber dem Bt-Mais werden vorwiegend damit begründet, dass dieser Mais außer dem Bt-Gen noch weitere Fremdgene enthält: ein Antibiotika-Resistenzgen und ein Herbizid-Resistenzgen.

© 2005 Schroedel, Braunschweig

1. Beschreiben Sie anhand von M1 und M2 die Antisense-Repression! Erläutern Sie insbesondere die Bedeutung eines starken Promotors!
2. Äußern Sie eine begründete Vermutung, warum die transgene Anti-Matsch-Tomate relativ rasch als Nahrungsmittel zugelassen wurde!
3. Begründen Sie, warum Ribonucleasen wie die Barnase so gefährliche Zellgifte sind!
4. Stellen Sie dar, wie das Barnase/Barstar-Zweikomponentensystem die Resistenz einer Kartoffelpflanze gegen *Phytophthora* erhöht!
5. Erklären Sie das Vorhandensein von zwei Genen zur Markierung im Bt-Mais! Beachten Sie dabei, dass zur Schaffung des Bt-Mais zwei Gentransfers erfolgen mussten!

Lösungen

Vorwissen: Grundlagen der Molekulargenetik, klassische Züchtungsmethoden (MENDEL), grundlegende Methoden der Gentechnik

Biotechnologie in der Pflanzenzüchtung – Zell- und Gewebekulturen

1. Bei beiden Verfahren werden Pflanzen über einen Kallus als Zwischenstadium vegetativ vermehrt. Dabei wird die Kallusbildung durch Auxine gefördert, die Spross- und Wurzelentwicklung durch Cytokinine.
   Das in M1 dargestellte Verfahren unterscheidet sich von dem in M2 dadurch grundlegend, dass hier der Kallus nicht aus intakten Zellen eines Pflanzenteils erzeugt wird, sondern aus Protoplasten, die man durch Behandlung des Pflanzenmaterials mit Pektinasen und Cellulasen hergestellt hat. Hier können also innerhalb des Vermehrungszyklus nicht nur besonders erfolgversprechende Transformationsversuche, sondern auch Experimente zur Protoplastenfusion eingefügt werden.
2. Wenn haploide Zellen mutieren, kann das neue Allel nicht durch ein entsprechendes Wildallel in seiner Ausprägung unterdrückt werden. Auch rezessiv vererbte neue Merkmale werden somit sofort erkennbar beziehungsweise nachweisbar.
   Will man beispielsweise durch eine Transformation ein unerwünschtes Gen ausschalten, so führt dies bei einer haploiden Zelle mit höherer Wahrscheinlichkeit zum Ziel, da das Gen nur mit einem Allel vorliegt.
3. Man muss die aus den Antheren isolierten Pollenzellen auf einem Medium kultivieren, das Auxine enthält. Dadurch entwickeln sich aus Einzelzellen Kallusse. Bringt man diese nun auf ein Medium, das Cytokinine enthält, so beginnt die Bildung von Wurzeln und Sprossen, bis schließlich komplette haploide Pflanzen entstanden sind.
   Dihaploide Pflanzen sind in allen Genen homozygot. Daher können auch bei ihnen – wie bei Haplonten – alle Gene ausgeprägt werden (Phänotyp = Genotyp). Im Gegensatz zu Haplonten gibt es bei dihaploiden Pflanzen keine Störung der Meiose, sodass sie voll fertil sind. Bei Selbstung sind alle Nachkommen untereinander und mit der Mutterpflanze genetisch identisch, bilden also eine reine Linie. Dihaploide Pflanzen sind auch günstige Ausgangsformen für Kombinationskreuzungen: Hybride aus solchen Pflanzen sind genetisch identisch und zeigen die dominant vererbten Merkmale beider Elternlinien.
4. Angenommen, die Ausgangsprotoplasten sind resistent gegen das Antibiotikum A beziehungsweise gegen das Antibiotikum B. Werden die Protoplasten nach der Fusion auf ein Medium überführt, das beide Antibiotika enthält, so wachsen nur die Protoplasten zu einem Kallus heran, die gegen beide Antibiotika resistent sind, also die Hybridprotoplasten.
5. Wie in M8 aufgezeigt, sind somatische Hybriden oft mehr oder weniger steril. Da Kartoffeln aber in der Praxis vegetativ vermehrt werden, ist eine eingeschränkte Fertilität nur von geringer Bedeutung.
6. Bei der Hybridisierung von Protoplasten nicht verwandter Pflanzen zeigen sich häufig Unverträglichkeiten der Genome, zum Beispiel aufgrund asynchroner Genaktivität bei der Entwicklung. Außerdem führt das Auftreten spontaner Asymmetrie (M8) zu einer eingeschränkten Fertilität. Solche Probleme treten nicht auf, wenn von einem der beiden Fusionspartner keine Chromosomen, sondern nur die Gene aus Mitochondrien und Chloroplasten eingebracht werden.

Methoden des Gentransfers

1. Die T-DNA ist der Bereich des Ti-Plasmids, von dem ein Einzelstrang ausgeschnitten und in die Pflanze übertragen wird. Die hier codierten Enzyme stellen Wachstumshormone her, die Pflanzenzellen zu ungehemmtem Tumorwachstum umprogrammieren, und spezielle Aminosäure-Abkömmlinge, die Opine, die von den Agrobakterien als Nährstoffe benötigt werden. Die beiderseits der T-DNA lokalisierten Bordersequenzen dienen als Kennung für die Endonuclease, die die T-DNA ausschneidet. Der *vir*-Bereich enthält die Gene, deren Genprodukte für das Ausschneiden der T-DNA und ihren Transfer in die Pflanze verantwortlich sind.
2. *Agrobacterium tumefaciens* überträgt eigene Gene auf die Wirtspflanze und erreicht damit, dass diese in den Tumoren einen geeigneten Lebensraum und mit den Opinen geeignete Nahrung für die Parasiten zur Verfügung stellt. Die Pflanze ist nach dem Befall transgen, sodass hier tatsächlich von einer Genmanipulation gesprochen werden kann.
3. Die „Entschärfung" besteht darin, dass nach der Entfernung der T-DNA die Tumor induzierende Wirkung des Ti-Plasmids nicht mehr gegeben ist. *Agrobacterium* ist dann nicht mehr in der Lage, sich als Parasit in der Pflanze einzunisten.
4. Blätter der zu transformierenden Pflanze werden zerschnitten und mit den entsprechend vorbereiteten Agrobakterien infiziert. Die Blattstücke kommen anschließend auf ein Kulturmedium, das Wachstumshormone und ein Antibiotikum, zum Beispiel Kanamycin, enthält. Die transformierten Zellen entwickeln sich aufgrund der Wachstumshormone zu neuen Pflanzen. Die zusätzliche Übertragung eines Resistenzgens erfolgt, um transformierte Zellen selektieren zu können. Das Resistenzgen dient als Markierung. Enthält nämlich das Kulturmedium, auf dem die behandelten Blattstücke aufgebracht werden, das betreffende Antibiotikum, so können nur transformierte Zellen sich auf ihm zu neuen Pflanzen entwickeln.
   Die zusätzliche Transformation mit einem Resistenzgen gegen ein Antibiotikum wird kritisch gesehen, weil befürchtet wird, nach dem Verzehr transgener Pflanzen könne das Resistenzgen im Darm auf krankheitserregende Bakterien übertragen werden. Diese würden somit resistent gegen das betreffende Antibiotikum, was eine Bekämpfung dieser Bakterien erschweren würde.
5. Agrobakterien können die Gene des Ti-Plasmids nur in den Zellkern einschleusen. Dringen dagegen die mit DNA versehenen Gold- oder Wolframpartikel zufällig in einen Chloroplasten ein, so kann sich die Fremd-DNA in die Chloroplasten-DNA integrieren.

Transgene Nutzpflanzen

1. Bei der Antisense-Repression wird ein Gen in das zur Transformation genutzte DNA-Stück eingebaut, dessen Promotor am falschen Ende, das heißt am 3'-Ende des Gens liegt. Die Lage des Promotors ist insofern von Bedeutung, als die RNA-Polymerase vom Promotor aus den Strang abliest, der in 5'→3'-Richtung verläuft. Wird also das Gen nach seiner Einschleusung in eine Pflanzenzelle aktiviert, so wird der falsche Strang abgelesen und in mRNA übersetzt. Da gleichzeitig das entsprechende originale Gen der Pflanze transkribiert wird, entstehen zwei Typen von mRNA-Molekülen, die zueinander komplementär sind und sich daher zu einem Doppelstrang vereinigen können. Dies führt dazu, dass eine Translation – und damit eine Genexpression – unterbleibt, wobei die Ursache dafür noch diskutiert wird.
2. Die Anti-Matsch-Tomate wurde zwar gentechnisch verändert, es wurde aber kein Fremdgen eingeschleust, sondern ein eigenes, nur in falscher Richtung. Es wird daher von dieser Pflanze kein Stoff produziert, den sie vorher nicht herstellte, sodass keine schädlichen Auswirkungen auf die Umwelt und auch keine neuartigen allergenen Wirkungen zu erwarten sind. Daher waren die Widerstände gegen diese transgene Pflanze verhältnismäßig gering.
3. Weil Ribonucleasen die mRNA und die tRNA abbauen, unterbinden sie die Proteinbiosynthese und führen damit zum Tod der Zelle.
4. Das in die Kartoffelpflanzen eingeschleuste Gen *barnase* wird durch seinen speziellen Promotor nach einer Infektion zum Beispiel durch *Phytophthora* aktiviert. Die dabei gebildete Ribonuclease Barnase führt zum Tod der infizierten Zellen und behindert dadurch die Ausbreitung des Parasiten. Nun ist aber *barnase* auch bei einer fehlenden Infektion nicht völlig inaktiv, sodass gelegentlich ein sinnloser Zelltod erfolgt. Besitzt nun die Kartoffelpflanze zusätzlich das Gen *barstar*, das ständig aktiv ist, so produziert sie einen Inhibitor für die Barnase und unterdrückt dadurch die Wirkung spontaner *barnase*-Aktivität. Wird die Pflanze infiziert, so wird *barnase* so stark aktiviert, dass die gebildete Barnase durch den relativ geringen Gehalt der Zellen an Barstar nicht mehr gehemmt werden kann.
5. Um die für eine Transformation der Maispflanzen benötigten Mengen des Gens für das Bt-Toxin zu erhalten, wurde dies zunächst in Labor-Bakterien übertragen. Um eine erfolgreiche Transformation zu erkennen, benutzte man ein Antibiotikum als Markierung. Um im zweiten Schritt die erfolgreich transformierten Maispflanzen selektieren zu können, wurde zusätzlich ein Herbizid-Resistenzgen eingebracht.

Blutbildung aus Stammzellen

Knochenarbeit mit Herzblut

Birgit Seidel hat in Westfalen die Knochenmarkspenderdatei etabliert

100 000 Menschen werden es wohl bald sein, die Birgit Seidel motiviert und/oder unterstützt hat, sich im Kampf gegen die mörderische Krankheit Leukämie fünf Milliliter Blut abnehmen zu lassen und dadurch eventuell Leben zu retten. 1995 hat sie begonnen, ehrenamtlich in ihrer Heimat Schloß Holte/Stuckenbrock für die Deutsche Knochenmarkspenderdatei (DKMS) Geld zu sammeln. Ihr Job ist oft Knochenarbeit, aber sie betreibt ihn mit Herzblut. Sie ist glücklich über jeden der helfen will und ganz besonders über jeden, der helfen kann. Bringt Chemo- oder Strahlentherapie keine Besserung, ist die Stammzellenübertragung die letzte Überlebenschance der Leukämiepatienten. Und eignet sich niemand in der Familie als Spender, muss irgendwo auf der Welt der genetische Zwilling gefunden werden. Zum Beispiel in der Deutschen Knochenmarkspenderdatei.

(Neue Westfälische, 11./12.01.03, verändert)

M1 Leukämie

Jedes Jahr erkranken in Deutschland rund 4000 Menschen an Blutkrebs, einer Entwicklungsstörung der Weißen Blutkörperchen. Diese Blutkörperchen sind für die Infektabwehr zuständig. Sie werden im Knochenmark gebildet. Bei an Leukämie erkrankten Personen ist der normale Reifeprozess der Leukocyten gestört. Es kommt zu einer explosionsartigen Vermehrung dieser Zellen. Zusätzlich werden durch die Zellwucherung die ebenfalls im Knochenmark gebildeten Roten Blutkörperchen, die Erythrocyten, und die Blutplättchen, Thrombocyten, verdrängt.

Die ersten Krankheitssymptome sind Abgeschlagenheit, Infektanfälligkeit und Neigung zu Blutergüssen. Ohne Behandlung führt die Krankheit zum Tode.

M2 Behandlung der Leukämie

Leukämiepatienten können durch eine Strahlen- oder Chemotherapie geheilt werden. Ziel der Behandlung ist, die fehlentwickelten Zellen zu zerstören. Verbunden ist damit aber eine schwere Schädigung des Blut bildenden Systems des Knochenmarks, da bei der Behandlung zwischen fehl und korrekt entwickelten Zellen nicht unterschieden werden kann. Die Folgen dieser Behandlung sind eine schwere Blutarmut und ein stark geschwächtes Immunsystem. Die Übertragung des Knochenmarks eines geeigneten Spenders kann diesen Menschen das Leben retten. Voraussetzung ist, dass die Gewebe- und Leukocyteneigenschaften von Patient und Spender übereinstimmen. Dies trifft am ehesten zwischen direkten Verwandten zu. Die größte Übereinstimmung findet man bei eineiigen Zwillingen.

M3 Entwicklung von Blutzellen

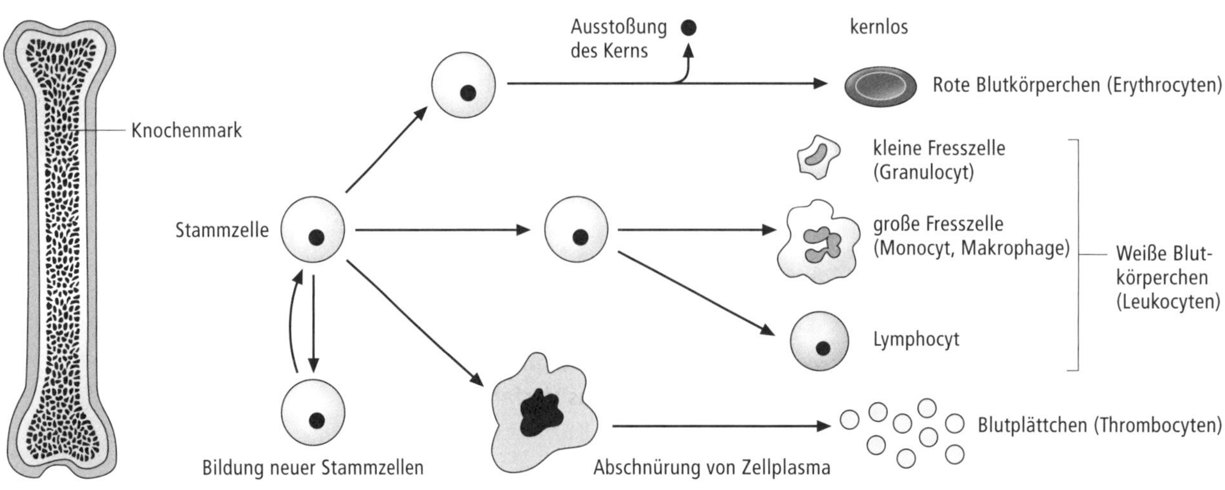

© 2005 Schroedel, Braunschweig

M4 Stammzellen

Sämtliche Blutzellen in einem erwachsenen Säuger entwickeln sich aus einer Population undifferenzierter, pluripotenter Stammzellen, die sich ständig erneuern und Vorläuferzellen hervorbringen. Aus diesen Vorläuferzellen entstehen verschiedene Zelltypen. Die meisten sind kurzlebig und müssen ständig erneuert werden. Stammzellen befinden sich zum Beispiel im roten Knochenmark des Menschen. Sie entwickeln sich bereits im frühen Embryo in den so genannten Blutinseln des Dottersacks und vermehren sich durch mitotische Teilung. Später findet die Blutbildung in der fetalen Leber und im Knochenmark statt.

Für die Differenzierung der Zellen sind Wachstumsfaktoren verantwortlich. Diese Proteine haben bei der Steuerung des Wachstums und der Differenzierung von Zellen eine Signalfunktion. In bestimmten Kombinationen wirken Wachstumsfaktoren spezifisch. Granulocyten haben einen gelappten Zellkern, Monocyten besitzen einen rundlichen Kern. Sie entwickeln sich im Gewebe zu Makrophagen (griech. *makros,* groß, *phagein,* essen).
Bei der Übertragung des Knochenmarks eines geeigneten Spenders wandern diese Stammzellen in das Knochenmark des Empfängers und beginnen dort neue Blutzellen unterschiedlicher Typen zu bilden. In der **D**eutschen **K**nochen**m**ark**s**penderdatei (DKMS), gegründet 1991 aus einer privaten Initiative heraus, sind heute mehr als 940 000 Spender registriert. Jeden Tag erhalten weltweit mindestens zwei Patienten Stammzellen von Spendern der DKMS. Dennoch kann für jeden fünften Patienten noch immer kein geeigneter Spender gefunden werden.

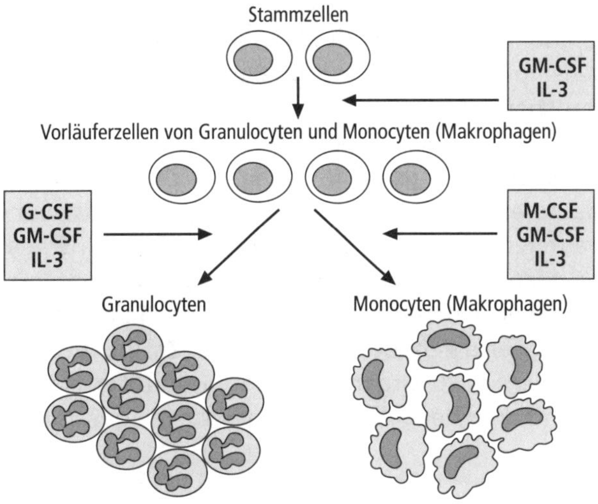

M5 Blut bildende Wachstumsfaktoren und ihre Zielzellen

Wachstumsfaktor	Zielzellen
Granulocyten-koloniestimulierender Faktor (G-CSF)	
Interleukin-3 (IL-3)	
Granulocyten-Makrophagen-koloniestimulierender Faktor (GM-CSF)	
Makrophagen-koloniestimulierender Faktor (M-CSF)	

© 2005 Schroedel, Braunschweig

1. Informieren Sie sich mithilfe von Internet und Fachliteratur über die Krankheit Leukämie und stellen Sie das Ergebnis Ihrer Recherchen schriftlich dar!
2. Ergänzen Sie die fehlenden Angaben in M5 mithilfe von M4 und beschreiben Sie die Differenzierung von Granulocyten und Monocyten aus pluripotenten Stammzellen!
3. Erarbeiten Sie unter Verwendung der Fachliteratur das Verfahren der Knochenmarktransplantation! Stellen Sie Hypothesen auf, welche Risiken mit einer Knochenmarkspende für Spender und Empfänger verbunden sind!

Stammzellengewinnung

Für Kevin, einen an Leukämie erkrankten Jungen aus England, konnte kein geeigneter Knochenmarkspender gefunden werden. In ihrer Verzweiflung wollten die Eltern den Jungen klonen lassen, um Stammzellen zu gewinnen. Dies wurde von englischen Gerichten abgelehnt, deshalb ließen die Eltern die Behandlung im Ausland durchführen. In Deutschland ist das Klonen von Menschen verboten.

M1 Stammzellen

Bei der Knochenmarktransplantation werden adulte Stammzellen oder Vorläuferzellen übertragen. Sie sollen im Körper des Empfängers die durch die Chemotherapie zerstörten Blut bildenden Zellen erneuern.

Stammzellen sind undifferenzierte und uneingeschränkt teilungsfähige Zellen. Durch Wachstumsfaktoren entwickeln sich aus ihnen zunächst Vorläuferzellen, die sich dann zu Zellen mit spezifischen Aufgaben differenzieren. Sie sind in bestimmten Organen lebenslang vorhanden. Ihre Teilungsprodukte ersetzen dort geschädigte Zellen. Bislang wurden in 20 Organen sowie im Blut der Nabelschnur von Neugeborenen Stammzellen gefunden.

M2 Gewinnung von Stammzellen

Um Zellen innerer Organe oder des Nervensystems in vitro zu gewinnen, züchten Wissenschaftler *embryonale Stammzellen* (ES) in Gewebekulturen. Zellen aus sehr frühen Embryonen sind *totipotent,* das heißt, aus diesen Zellen können sich unter bestimmten Voraussetzungen durch Teilung alle möglichen Zelltypen bis hin zu einem vollständigen Lebewesen entwickeln. Aus embryonalen Geweben, wie den Keimdrüsen eines Embryos, lassen sich weitere totipotente Zellen, die *embryonalen Gewebezellen* (EG), gewinnen. Die Gewinnung totipotenter Zellen erfolgt aus abgetriebenen Embryonen oder aus geklonten Körperzellen. Sie könnte auch aus Embryonen, die nach einer künstlichen Befruchtung überzählig sind, erfolgen. Da die verwendeten Embryonen dabei zerstört werden, ist dieses Verfahren in Deutschland verboten.

M3 Glossar

Embryonale Gewebezellen (EG)
Stammzellen, die aus der Keimdrüsenleiste eines Fetus gewonnen werden

Embryonale Stammzellen (ES)
Stammzellen, die aus dem Embryoblast einer Blastocyste gewonnen werden

Adulte Stammzellen
Stammzellen, die in bestimmten Organen sowie der Nabelschnur vorhanden sind und aus diesen Organen isoliert werden können

M4 Therapeutisches Klonen

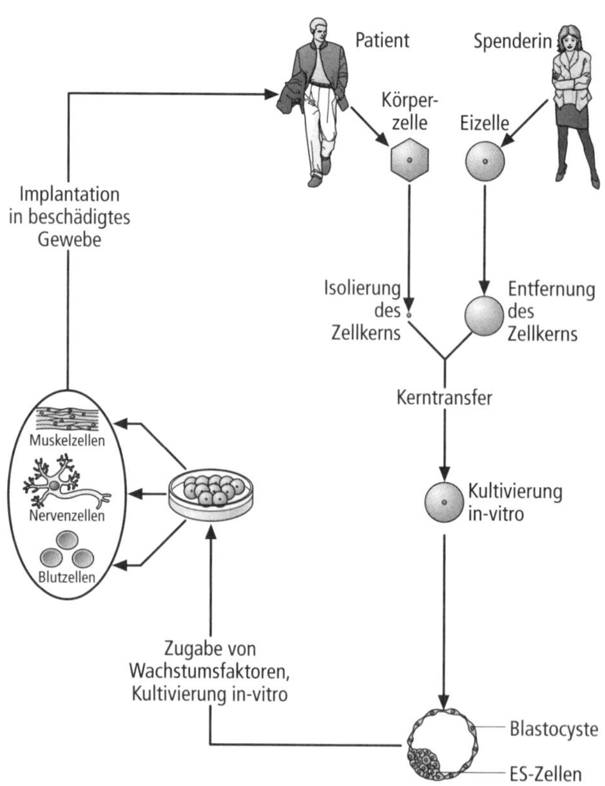

1. Wiederholen Sie mithilfe Ihres Schulbuches die menschliche Embryonalentwicklung! Listen Sie die wesentlichen Schritte der Entwicklung bis zur Blastocyste auf!
2. Benennen Sie die Herkunft adulter und embryonaler Stammzellen!
3. Erläutern Sie Möglichkeiten und Grenzen, embryonale und adulte Stammzellen einzusetzen!
4. Erläutern Sie mithilfe der Materialien theoretische Behandlungsmöglichkeiten für Kevin!

© 2005 Schroedel, Braunschweig

Ethische Aspekte

M1 Es gibt eigentümliche Faszinationen der Technik, eine Verzauberung der Gemüter, die uns dazu bringt, zu meinen, es sei ein fortschrittliches und technisches Verhalten, dass man alles, was technisch möglich ist, auch ausführt. Mir scheint das nicht fortschrittlich, sondern kindisch. Es ist das typische Verhalten einer ersten Generation, die alle Möglichkeiten ausprobiert, nur weil sie neu sind, wie ein spielendes Kind oder ein junger Affe. Wahrscheinlich ist diese Handlung vorübergehend notwendig, damit Technik überhaupt entsteht. Reifes technisches Handeln aber ist anders. Es benutzt technische Geräte als Mittel zu einem Zweck. Den Raum der Freiheit planen kann nur der Mensch, der Herr der Technik bleibt. [...]
Wir müssen also ein Bewusstsein für den richtigen, den technischen Gebrauch der Technik gewinnen, wenn wir in der technischen Welt menschenwürdig überleben wollen. Das verlangt eine moralische Anstrengung, die sich in einer positiven Moral einer gefestigten Sitte niederschlagen muss. Wir sollen, nach Kant, so handeln, dass wir die Menschheit – wir würden heute sagen, das Menschsein – in jedem Menschen nicht nur als Mittel zum Zweck verstehen. Als leitende Regel muss gelten: Kein Mensch ist ein Gerät und Geräte dürfen nur zum Nutzen, nicht zum Schaden der Menschen gebraucht werden. Das wachsende Bewusstsein von dieser Regel wird sich manifestieren in der Herausbildung fester verbindlicher Formen des Umgangs mit der Technik.

Carl Friedrich von Weizsäcker, Ausgewählte Texte, Goldmann-Verlag, 1987

M2 Stammzellen gewinnen in der Forschung immer mehr an Bedeutung. Dies resultiert daraus, dass sich aus ihnen verschiedene Organe und Zelltypen bilden und die Wissenschaftler hoffen, dies auf Kommando veranlassen zu können. Gelingt dies, hätte das medizinisch enorme Auswirkungen. Viele Krankheiten könnten so geheilt werden. In England ist es erlaubt, mit bis zu zwei Wochen alten Embryonen zu forschen. Im Königreich beginnt das Leben rechtlich erst 14 Tage nach der Verschmelzung von Ei- und Samenzelle. Verboten ist jedoch das Einbringen durch Kerntransfer im Labor erzeugter Stammzellen in die Gebärmutter einer Frau. Um die Forschung an embryonalen Stammzellen durchführen zu können, müssen diese aus Embryonen gewonnen werden, die dazu zwangsläufig getötet werden. Um keine Embryonen extra für diese Zwecke zu züchten, werden vorwiegend solche Embryonen verwendet, die als „Überschuss" bei künstlichen Befruchtungen anfallen und sowieso vernichtet werden. Es stellt sich in diesem Zusammenhang die seit langem umstrittene Frage, ab wann man von schützenswertem Leben beziehungsweise menschlichem Leben spricht. Beginnt dies unmittelbar nach der Befruchtung oder erst in einem speziellen Entwicklungsstadium? [...]

Werner Bartens, Revolutionäre Zellen, DIE ZEIT, 24.8.2000, verändert

M3 Die Dolly-Technik wird uns ermöglichen, gezielte genetische Veränderungen in allen Tieren vorzunehmen, den Menschen eingeschlossen. Stellen Sie sich vor, nur theoretisch, Sie nehmen einen menschlichen Embryo. Daraus können Sie Stammzellen machen. Die können Sie genetisch modifizieren und wieder einen Embryo daraus machen. Die Dolly-Technik kann also zur Herstellung von Designermenschen benutzt werden. Im Moment ist das bloß ein Traum – ein Albtraum, wenn Sie mich fragen.

Ulrich Bahnsen, Interview mit Ian Wilmut: Das ist ein Traum, ein Albtraum, DIE ZEIT, 8.3.2001

M4 Der Arzt Severine Antinori, der in Italien von der Presse auch Papa der unmöglichen Kinder genannt wird, will den ersten Menschen klonen. Im August 2001 luden Antinori, der amerikanische Arzt Panayoiotis Zavos sowie der israelische Wissenschaftler Avi Ben Abraham die Weltpresse nach Rom ein, um anzukündigen, dass man in 18 Monaten das erste Kind klonen werde. Auf die Frage nach der Sicherheit des Verfahrens und der Gefahr für Mutter und Kind äußerte Zavos nur: „Das Klonen ist eine Privatangelegenheit der Eltern. Klone sind Klone und die Natur klont auch. Ein Klon ist der eineiige Zwilling seines Vaters, bloß wird er 40 Jahre später geboren. Was ist daran falsch?"

Ulrich Bahnsen, Der Wahn des Doktor Antinori, DIE ZEIT, Nr. 12, 2001

1. Planen Sie ein Rollenspiel, in dem Sie unter Berücksichtigung der oben dargestellten Meinungen im Fall Kevin eine Entscheidung herbeiführen! Bilden Sie Gruppen zu den verschiedenen Rollen!

© 2005 Schroedel, Braunschweig

Lösungen

Vorwissen: Befruchtung und Embryonalentwicklung beim Menschen, molekulare Grundlagen der Genetik, MENDELsche Regeln, Dolly – Klonen

Blutbildung aus Stammzellen

1. Leukämie ist eine bösartige Erkrankung des Blutbildungssystems. Je nach Krankheitsverlauf wird zwischen akuten und chronischen Formen unterschieden. Durch Reifungsstörung der Leukocyten kommt es zu einer unkontrollierten Vermehrung. Häufig wird auch die Bildung der Erythrocyten und der Thrombocyten gestört. Die noch unreifen Leukocyten behalten ihre Teilungsfähigkeit. Über den Blutkreislauf gelangen die leukämischen Zellen in die verschiedenen Organgewebe, wo sie sich weiter teilen können. Die Folgen der Leukämie sind Anämie, Störungen des Immunsystems und gesteigerte Blutungsbereitschaft. Behandelt wird die Leukämie mit mehrwöchigen, hoch dosierten Chemotherapien und Bestrahlungen. Bei Bedarf bekommen die Patienten auch Bluttransfusionen. Schlagen Chemo- und Strahlentherapie nicht an, bleibt nur noch die Knochenmarktransplantation.
2.

Wachstumsfaktor	Zielzellen
G-CSF	Vorläuferzellen
IL-3	Stammzellen, Vorläuferzellen
GM-CSF	Vorläuferzellen
M-CSF	Vorläuferzellen

   Die Blutzellen differenzieren sich in verschiedenen Stufen. Stammzellen und Vorläuferzellen können sich noch vermehren, während die Granulocyten und Monocyten ihre Teilungsfähigkeit verlieren. Die Differenzierung wird meistens nicht durch einzelne Wachstumsfaktoren bewirkt, sondern durch ein Zusammenwirken verschiedener Wachstumsfaktoren. Wirken die Faktoren GM-CSF und IL-3 auf die Stammzellen ein, so entstehen Vorläuferzellen von Granulocyten und Monocyten. Wirkt auf diese zusätzlich G-CSF ein, so bilden sich Granulocyten. Wirkt auf die Vorläuferzellen statt G-CSF zusätzlich M-CSF ein, entstehen Monocyten.
3. Bei der Knochenmarktransplantation werden Patienten Knochenmarkzellen eines geeigneten Spenders transplantiert. Hierzu werden dem Spender aus dem knochenmarkhaltigen Beckenkamm Zellen mittels Punktion entnommen und dem Empfänger über eine Vene in die Blutbahn gespritzt. Die übertragenen Knochenmarkzellen wandern in die knochenmarkhaltigen Knochen und übernehmen dort die Blutbildung. Bei der Transplantation besteht eine erhöhte Infektionsgefahr für den Empfänger. Außerdem kann das fremde Knochenmark abgestoßen werden. Für den Spender besteht das bei Operationen übliche Narkoserisiko.

Stammzellengewinnung

1. Nach der Befruchtung folgen mitotische Teilungen der Zygote. Es entsteht die Blastocyste, eine Zellkugel mit zentralem Hohlraum. In diesem Stadium erreicht der Keim die Gebärmutter. Die äußere einzellige Schicht, der Trophoblast, verbindet sich mit der Gebärmutterhaut und aus der Ansammlung von Zellen, die in die Blastocyste ragen, entsteht der Embryoblast.
2. Embryonale Stammzellen werden im Stadium der Blastula (Blastocyste) dem Embryoblasten entnommen und in einer Gewebekultur weitergezüchtet. Adulte Stammzellen finden sich unter anderem im Knochenmark, wie etwa die Blut bildenden Zellen.
3. Adulte Stammzellen sind nicht endgültig ausdifferenziert und können sich uneingeschränkt teilen. Ihre Entwicklung zu bestimmten Zelltypen ist jedoch schon vorgegeben. Aus adulten Stammzellen des Knochenmarks entwickeln sich normalerweise Blutzellen. Durch Zugabe entsprechender Wachstumsfaktoren können sie aber auch zur Entwicklung ganz andersartiger Zellen angeregt werden, zum Beispiel zur Bildung von Muskelzellen.
   Bei embryonalen Stammzellen ist die Differenzierung noch zu jeder Zelle möglich; es könnte sich aus einer einzelnen Zelle ein vollständiges Individuum entwickeln.
4. Um für Kevin geeignete Stammzellen zu bekommen, müsste erst aus einer Körperzelle von Kevin ein Zellkern isoliert und anschließend in eine entkernte Eizelle seiner Mutter übertragen werden. Diese Zygote muss nun bis zum Stadium der Blastocyste in einem Nährmedium gehalten werden. Dann können Zellen des Embryoblasten entnommen und als Stammzellen Kevin übertragen werden.

Ethische Aspekte

1. Das Rollenspiel sollte unter Verwendung der verschiedenen ethischen Aspekte von den Schülerinnen und Schülern selbstständig erarbeitet und durchgeführt werden. Es sollten dabei jeweils die verschiedenen Positionen von einzelnen Schülerinnen und Schülern vertreten werden. Außerdem ist die Rolle eines Juristen zu besetzen.